光刻胶材料评测技术

—— 从酚醛树脂光刻胶
到最新的EUV光刻胶

フォトレジスト材料の評価
ノボラックレジストから最新EUVレジストまで

[日] 关口淳（関口淳） 著
方书农 译

化学工业出版社

·北京·

——————— 内容简介 ———————

　　光刻胶是微电子技术中微细图形加工的关键材料之一，在模拟半导体、发光二极管、微机电系统、太阳能光伏、微流道和生物芯片、光电子器件/光子器件中都有重要的应用。本书从光刻技术基础知识出发，系统介绍了多种类型光刻胶应用工艺、评测技术。具体包括光刻胶涂布、曝光工艺、曝光后烘烤和显影技术，以及g线和i线光刻胶、KrF和ArF光刻胶、ArF浸没式光刻胶、EUV光刻胶等的特征、应用工艺及评测技术，希望对国内的研究人员有很好的启发和指导意义。

フォトレジスト材料の評価——～ノボラックレジストから最新EUVレジストまで～，1st edition/by 関 口淳
ISBN 978-4-86428-037-2
Copyright© 2012 by サイエンス&テクノロジー株式会社. All rights reserved.
Authorized translation from the Japanese language edition published by サイエンス&テクノロジー株式会社
本书中文简体字版由サイエンス&テクノロジー株式会社授权化学工业出版社独家出版发行。
未经许可，不得以任何方式复制或抄袭本书的任何部分，违者必究。
北京市版权局著作权合同登记号：01-2024-0776

图书在版编目（CIP）数据

光刻胶材料评测技术：从酚醛树脂光刻胶到最新的EUV光刻胶/（日）关口淳著；方书农译．—北京：化学工业出版社，2023.10
ISBN 978-7-122-43800-3

Ⅰ．①光…　Ⅱ．①关…②方…　Ⅲ．①光致抗蚀剂　Ⅳ．①TQ572.4

中国国家版本馆CIP数据核字（2023）第129312号

责任编辑：赵卫娟　丁尚林　　　　文字编辑：任亚航
责任校对：宋　玮　　　　　　　　装帧设计：关　飞

出版发行：化学工业出版社
　　　　　（北京市东城区青年湖南街13号　邮政编码100011）
印　　装：北京瑞禾彩色印刷有限公司
787mm×1092mm　1/16　印张17　字数312千字
2024年4月北京第1版第1次印刷

购书咨询：010-64518888　　　　　售后服务：010-64518899
网　　址：http://www.cip.com.cn
凡购买本书，如有缺损质量问题，本社销售中心负责调换。

定　　价：198.00元　　　　　　　　　　版权所有　违者必究

序

　　光刻胶一词当前在国内家喻户晓，但大家又不知道什么是光刻胶，只知道用于芯片制造，但不知道其工作机制。光刻胶上热搜，源于大家知道它是"卡脖子"材料。目前我国光刻胶技术还有诸多问题需要解决。

　　光刻胶是将图形转移到半导体基材上的关键材料之一，它是一个配方产品，由多种组分组成。光刻胶对纯度、杂质含量、固体颗粒等要求非常高，光刻胶的开发需要昂贵的设备、苛刻的环境及特殊专业技能人才。光刻胶的评测项目繁多，但光刻胶企业之间又相互保密。关于光刻胶评价方法的书籍少之又少，由于光刻胶的研究及产业化主要集中在日本、美国，相关资料也都是英文和日文，在国内几乎没有相关书籍出版。

　　《光刻胶材料评测技术——从酚醛树脂光刻胶到最新的EUV光刻胶》一书由日本关口淳先生撰写，内容涉及光刻技术概述、感光性树脂涂覆、曝光技术、曝光后烘烤和显影技术、g/i线光刻胶评测技术、KrF/ArF光刻胶评测技术、ArF浸没式光刻胶和DP工艺评测技术、EUV光刻胶评测技术、纳米压印树脂的评测技术等方面，详细介绍了光刻胶的各种评价原理、方法、工艺及设备。另外本书还介绍了基于光刻胶的光学参数和显影速度数据进行光刻图形逼真模拟的技术与方法，这样可以大幅缩短光刻胶的开发周期，不仅节省资源而且效率更高。本书内容丰富，既有基础理论知识，又有实际操作流程；既涉及化学反应，又讲述设备原理及应用；既有数据分析，还有理论计算；从最早的g/i线光刻胶开始，一直到目前最为先进的EUV光刻胶；对光刻胶的工作原理、工艺流程、检测方法进行了详细的介绍。

　　方书农博士早年留学日本，之后长期在日本企业从事半导体材料相关工作，2015年回国后加入上海新阳半导体材料股份有限公司并任总经理，负责包括光刻胶的集成电路功能性化学材料开发与产业化，对光刻胶有深刻的认识，从工作中发现国内目前非常缺乏光刻胶相关书籍，尤其是光刻胶品种评测的书更是少见，但又十分需要，因而在阅读大量国外相关资料后，决定翻译非常有价值的这本关于光刻胶评价的书。他利用自己良好的日语水平及对光刻胶的深刻理解，花了大量的时间与精力翻译本书，既忠实于原文又力争能将深奥的光刻胶术语及知识简洁化，便于读者理解。

　　方博士在完成本书翻译之后，将书稿发给我，使我有幸成为本书的第一位读者，自己觉得受益匪浅，从中学到了很多有用的知识。本书内容由浅入深，既可作为光刻胶初学者的入门教材，全面了解光刻胶，也可以作为光刻胶研发、评测、工艺应用、制造和质量控制人员的工具书，相信本书对我国光刻胶从业者具有极大的帮助。

聂　俊

2023年12月于北京化工大学

译者前言

  与关口先生相识良久，他精力旺盛，穿梭于欧美、中国及日本国内，永远行程满满地参加各种学术会议、讲演、授课以及与供应商的交流。偶尔我们相约在酒馆，海阔天空地闲聊，从没想到我们在专业上会有深度的交集。关口先生自从就职于光刻机的先驱GCA公司以来，四十年如一日，专注于光刻评测领域，在光刻材料的各种光刻相关的物理化学性质的分析评测方面开创了诸多的技术和方法，并开发出相关设备，是该领域国际知名专家。

  在我过往的工作中，更多地涉足于半导体各种工艺过程。直到2017年，公司决定立项开始光刻胶的研究，时任总经理的我，作为项目总负责人，光刻胶的研发管理成为了我的重点工作。关口先生为我们公司的工程师们进行各种光刻基本技术的培训，为我搜集、提供各种书籍、技术资料以及各种光刻研发信息，给了我很多帮助。尤其他10年前所著《フォトレジスト材料の評価：ノボラックレジストから最新EUVレジストまで》一书对我帮助甚大。

  光刻胶的研发艰难，首先要进行单体设计、树脂合成及配方调制，调配好的样品需要用昂贵的量产光刻机对其进行曝光测试，根据曝光结果再调整工艺、配方、树脂及单体设计，制备样品再测试。这个过程一再重复，耗费大量的时间、精力和财力。整个研发就像面对一个黑箱，依靠不断的大量资源投入才取得点滴进步。一个前辈曾提到为了一款光刻胶在Intel上线，前后测试了一千多个配方，其困难程度由此可见一斑。

  计算光刻作为光刻研究的一个重要分支，通过建模及模拟给光刻研发及量产做出了重要的支撑。特别是AI研究取得突飞猛进的今天，虚拟（模拟）研究的重要性和可能性一再被提出。实际操作中，计算光刻对于光刻胶实际研发目前帮助不大。关口先生在长期的研发实践中，通过开发各种与光刻材料和光刻相关的光学、化学及物理性能测试设备，测得各种光刻材料的基本性能。这些性能的测试深刻揭示了光刻反应的本质，从而为光刻胶的研发提供了有力帮助。他同时用实测所得的一系列重要参数与计算光刻相结合，提出了虚拟光刻胶研发方法。这为光刻胶的研发节约了大量的资源，尤其是宝贵的时间。在学习本书及实践过程中，我深感方法的有效性及所取得的数据对光刻胶研发的重要性，也就萌生了将本书翻译成中文以帮助国内同行的想法。与关口先生商榷后，深得他的赞同和支持，遂决定付之行动，开始了翻译工作。

  谁知道，知易译难！本人读起来很好理解的内容，准确地用合适的术语表达出来并且要保持高度的一致性，对于一个没经过专业翻译训练，同时在光刻技术、光刻材料领域也是半路出家的我，就像是一个行走不便的人，要登一座险峻的高山，其艰辛程度可想可知。翻译这本二百多页的书居然花了我两年多的时间。除了工作忙，出差多之类的借口外，也就是对完成翻译的难度及自身能力不足的预估不够。想想开始时的勇气，也真可谓"无知者无畏"。

值此当今世界正经历百年未有之大变局，关键的核心技术是要不来、买不来、讨不来的，而核心技术的发展和突破就必须打好扎实的基础。我在知天命之年后，上海新阳给予了我涉足半导体光刻技术、光刻材料这样一个艰深领域研究的平台，能够参与到无论是夯实基础，还是前沿探索的工作中，都实感荣幸。

上海新阳是国内集成电路关键工艺材料企业，其自主创新研发的电子电镀和电子清洗核心技术与产品，可以覆盖芯片铜互连与刻蚀清洗 90 ～ 14 纳米各技术节点，满足芯片逻辑、模拟及存储各种电路产品互连与清洗工艺材料需求。2017 年，在光刻胶还远远没有成为热门话题之前，公司董事长王福祥高瞻远瞩，从公司战略发展的角度出发，坚定地启动了光刻胶研发的项目。历经数年，公司自主研发的半导体高端光刻胶也取得快速发展，KrF 光刻胶已有部分品类实现产业化，ArF 及 ArFi 有部分品类获得客户高度认可的光学数据，在客户产线上验证测试进展顺利。我作为参与者，十分荣幸地见证了上海新阳这一发展过程。主攻 ArF、KrF 光刻胶的同时，在尝试一些光刻前沿领域如 EUV、DSA 及 NIL 相关材料研发方面，很幸运都得到了王董事长的鼎力支持。

辐射化学、光敏材料方面的资深专家北京化工大学的聂峻教授，朱晓群教授对本书的翻译也给予了很大帮助，尤其是聂教授在百忙之中为我改稿及作序，在此我对聂教授、朱教授深表感谢！

翻译及改正的工作投入了大量的时间，很感谢过程中家人的帮助和理解。

本书的翻译还得到各方各面的帮助，在此一并致谢！

希望本书的出版能如初衷，对国内从事光刻材料研究的同行在基础物性探索，模拟光刻研究方面起到些许作用，译者将感到无比欣慰。鉴于翻译水平有限，还请读者多加批评与指正，诚惶诚恐，在此恭候！多谢！

方书农

上海新阳半导体材料股份有限公司

2023 年 12 月

前 言

关于如何评测光刻胶材料的著作很少。这是因为光刻胶的开发是严格进行专利保护的，其评测方法也没有什么标准，制造商各自使用自己的方法。一般评测方法是将混有感光剂的树脂，通过旋涂涂覆在基板上，用对应的各种曝光机曝光，然后使用碱性显影剂进行显影，并用扫描电子显微镜（SEM）观察所获得的图形，这是直接的评测方法。直接评测方法将材料与曝光显影后光刻胶的形貌（最终评估项目）直接联系起来，作为评测方法当然是绝对有效的。但是，它需要昂贵的曝光设备（步进曝光机）和SEM支持。

多年来，日本光刻技术公司一直提倡使用模拟评测光刻胶的方法。与直接评测方法对应，此方法称为间接评测或模拟光刻技术评测，并不进行真实的光刻胶图形曝光和SEM观察，而是基于光刻胶的显影速度数据，模拟预测显影后的光刻胶图形，并评测光刻胶特性。与多数模拟技术不同的是，该方法的特点是使用实际光刻胶的光学参数和显影速度数据，因此可以进行更逼真的模拟。本书中，以光刻胶评测方法为中心，按照光刻工艺过程，从光刻技术的基础到最新的光刻胶材料评测，按以下的章节进行介绍。

第1章　光刻技术概述

什么是光刻技术？介绍光刻的基础知识。

第2章　光刻胶的涂覆

光刻胶材料的评测从将光刻胶涂覆在基板上开始。简单说明涂覆设备和涂覆方法，并解释涂覆工艺。

第3章　曝光技术

涂胶后就是曝光工艺。本章对曝光技术和曝光装置进行概要的说明。此外，还介绍了如何测量感光参数。

第4章　曝光后烘烤（PEB）和显影技术

解释曝光后烘烤（PEB）的效果，并介绍了PEB过程中感光剂扩散长度和表面溶解效果的定量测量方法。曝光后进行烘烤，然后显影光刻胶，本章也概述了显影设备和显影方法。

第5章 g线和i线光刻胶（酚醛树脂光刻胶）评测技术

介绍g线、i线用酚醛光刻胶的特征及其评测技术。

第6章 KrF和ArF光刻胶评测技术

介绍化学增幅型KrF/ArF光刻胶的特征及其评测技术。

第7章 ArF浸没式光刻胶和双重图形化（DP）工艺评测技术

介绍ArF浸没式技术和DP工艺特征以及它们的评测技术。

第8章 EUV光刻胶评测技术

了解最新的EUV光刻胶评测技术。

第9章 纳米压印工艺的优化及评测技术

介绍近年来备受关注的纳米压印工艺的评测和优化技术。此外，还介绍了元器件的制造实例。

本书可作为从事光刻胶研发、评测、制造和质量控制人员的参考书，也可作为教材使用。

作　者

2011年10月30日

目录

第1章　光刻技术概述　　　　　　　　　　　　　　　**001**

　　参考文献　　　　　　　　　　　　　　　　　　　　007

第2章　光刻胶的涂覆　　　　　　　　　　　　　　　**008**

　2.1　光刻胶涂覆装置　　　　　　　　　　　　　　　008

　　2.1.1　丝网印刷涂覆法　　　　　　　　　　　　　008

　　2.1.2　旋涂法　　　　　　　　　　　　　　　　　008

　　2.1.3　滚涂法　　　　　　　　　　　　　　　　　010

　　2.1.4　膜压法　　　　　　　　　　　　　　　　　010

　　2.1.5　浸涂法　　　　　　　　　　　　　　　　　010

　　2.1.6　喷涂法　　　　　　　　　　　　　　　　　012

　2.2　旋涂工艺　　　　　　　　　　　　　　　　　　013

　　2.2.1　旋涂工艺流程　　　　　　　　　　　　　　013

　　2.2.2　旋涂工艺影响因素　　　　　　　　　　　　015

　2.3　HMDS处理　　　　　　　　　　　　　　　　　021

　　2.3.1　HMDS处理原理　　　　　　　　　　　　　021

　　2.3.2　HMDS处理效果　　　　　　　　　　　　　021

　2.4　预烘烤　　　　　　　　　　　　　　　　　　　024

　2.5　膜厚评测　　　　　　　　　　　　　　　　　　026

　　2.5.1　用高低差测量膜厚（数微米～500μm）　　　026

　　2.5.2　光谱反射仪测量膜厚（50nm～300μm）　　 026

　　2.5.3　椭圆偏光计（椭偏计）测量膜厚（1nm～2μm）　028

　　参考文献　　　　　　　　　　　　　　　　　　　　029

第3章　曝光技术　　　　　　　　　　　　　　　　　　030

　3.1　曝光设备概述　　　　　　　　　　　　　　　　030
　　3.1.1　接触式对准曝光　　　　　　　　　　　　030
　　3.1.2　近距离对准曝光　　　　　　　　　　　　031
　　3.1.3　镜面投影曝光　　　　　　　　　　　　　031
　　3.1.4　缩小的投影曝光系统——步进曝光机　　033
　3.2　曝光原理　　　　　　　　　　　　　　　　　　035
　　3.2.1　近距离曝光的光学原理　　　　　　　　035
　　3.2.2　步进曝光机的光学原理　　　　　　　　037
　　3.2.3　获得高分辨率的方法　　　　　　　　　039
　3.3　光刻胶的感光原理和 *ABC* 参数　　　　　　041
　　　　参考文献　　　　　　　　　　　　　　　　　044

第4章　曝光后烘烤（PEB）和显影技术　　　　　　045

　4.1　曝光后烘烤概述　　　　　　　　　　　　　　045
　4.2　PEB中感光剂的热分解　　　　　　　　　　　047
　4.3　PEB法测定感光剂扩散长度　　　　　　　　　048
　　4.3.1　通过测量显影速度计算感光剂的扩散长度　049
　　4.3.2　结果及分析　　　　　　　　　　　　　053
　　4.3.3　小结　　　　　　　　　　　　　　　　059
　4.4　表面难溶性参数的计算及评测　　　　　　　　059
　　4.4.1　引言　　　　　　　　　　　　　　　　059
　　4.4.2　显影速度测量装置的高精度化　　　　　059

4.4.3　表面难溶性参数的计算　　　　　　　　　061

4.4.4　表面难溶性参数的测量　　　　　　　　　062

4.4.5　小结　　　　　　　　　　　　　　　　　064

4.5　显影技术　　　　　　　　　　　　　　　　　　064

4.5.1　浸渍显影　　　　　　　　　　　　　　　064

4.5.2　喷雾显影　　　　　　　　　　　　　　　065

4.5.3　旋覆浸润显影　　　　　　　　　　　　　065

4.5.4　缓供液旋覆浸润显影　　　　　　　　　　067

参考文献　　　　　　　　　　　　　　　　　　069

第5章　g线和i线光刻胶（酚醛树脂光刻胶）评测技术　　　071

5.1　酚醛树脂光刻胶概述　　　　　　　　　　　　　071

5.1.1　简介　　　　　　　　　　　　　　　　　071

5.1.2　高分辨率要求　　　　　　　　　　　　　072

5.2　利用光刻模拟对酚醛树脂光刻胶进行评测　　　　077

5.2.1　简介　　　　　　　　　　　　　　　　　077

5.2.2　光刻模拟技术　　　　　　　　　　　　　078

5.2.3　参数的实测和模拟　　　　　　　　　　　082

5.2.4　小结　　　　　　　　　　　　　　　　　094

5.3　利用模拟进行工艺优化　　　　　　　　　　　　095

5.3.1　简介　　　　　　　　　　　　　　　　　095

5.3.2　实验与结果　　　　　　　　　　　　　　095

5.3.3　模拟研究　　　　　　　　　　　　　　　097

5.3.4　分析与讨论　　　　　　　　　　　　　　100

5.3.5　小结　　　　　　　　　　　　　　　　　101

参考文献　　　　　　　　　　　　　　　　　　101

第6章　KrF 和 ArF 光刻胶评测技术　　　**103**

6.1　KrF 光刻胶　　　103

6.2　化学增幅型光刻胶的脱保护反应　　　106

　6.2.1　实验装置　　　107

　6.2.2　传统模型的问题以及对 Spence 模型的探讨　　　108

　6.2.3　实验与结果　　　110

　6.2.4　新脱保护反应模型的提出和对脱保护反应的分析　　　113

　6.2.5　小结　　　117

6.3　曝光过程光刻胶的脱气　　　117

　6.3.1　利用 QCM 观察曝光过程光刻胶质量变化　　　118

　6.3.2　利用 GC-MS 分析曝光过程光刻胶的脱气　　　119

　6.3.3　利用 FT-IR 观察曝光过程的脱保护反应　　　121

　6.3.4　实验与结果　　　121

　6.3.5　小结　　　127

6.4　ArF 光刻胶　　　127

6.5　PAG 的产酸反应　　　131

　6.5.1　实验装置　　　132

　6.5.2　实验与结果　　　133

　6.5.3　分析与讨论　　　135

　6.5.4　小结　　　138

6.6　ArF 光刻胶曝光过程的脱气　　　138

　6.6.1　脱气收集设备和方法　　　139

　6.6.2　实验与结果　　　140

　6.6.3　分析与讨论　　　145

　6.6.4　小结　　　146

6.7	光刻胶在显影过程中的溶胀	146
	6.7.1 实验仪器	147
	6.7.2 减少热冲击	148
	6.7.3 实验与结果	149
	6.7.4 可重复性	151
	6.7.5 TBAH 显影剂的溶胀行为	152
	6.7.6 小结	154
6.8	通过香豆素添加法分析PAG的产酸反应	154
	6.8.1 实验过程	155
	6.8.2 结果和讨论	158
	6.8.3 小结	162
	参考文献	162

第7章 ArF 浸没式光刻胶和双重图形化（DP）工艺评测技术　166

7.1	ArF 浸没式曝光技术	166
7.2	浸没式曝光过程的评测——水渗入光刻胶膜与感光度变化	169
	7.2.1 浸没式曝光反应分析设备	170
	7.2.2 浸没式曝光的光刻胶材料评测	172
	7.2.3 实验与结果	173
	7.2.4 小结	179
7.3	浸没式曝光过程的评价——对溶出的评测	179
	7.3.1 WEXA-2 系统和采样方法	179
	7.3.2 分析方法	182
	7.3.3 分析系统可靠性验证	186
	7.3.4 实验与结果	188

7.3.5　小结　190

7.4　浸没式DP曝光技术　191

　　7.4.1　LLE方法　192

　　7.4.2　双重图形工艺的评测　194

　　7.4.3　小结　195

　　参考文献　195

第8章　EUV光刻胶评测技术　197

8.1　EUV曝光技术　197

8.2　利用光刻模拟软件评估EUV光刻胶　200

　　8.2.1　系统配置　200

　　8.2.2　实验与结果　202

　　8.2.3　模拟分析　204

　　8.2.4　小结　206

8.3　EUV光刻胶的脱保护反应　207

　　8.3.1　传统方法的问题　207

　　8.3.2　与EUVL对应的新型脱保护反应分析装置　209

　　8.3.3　实验与结果　211

　　8.3.4　小结　214

8.4　EUV光刻胶脱气评测　214

　　8.4.1　脱气评估装置概述　215

　　8.4.2　脱气评估装置EUVOM-9000　216

　　8.4.3　小结　220

　　参考文献　220

第9章　纳米压印工艺的优化及评测技术 222

9.1　使用光固化树脂进行纳米压印的工艺优化和评测 222
9.1.1　简介 222
9.1.2　实验设备 223
9.1.3　预曝光工艺（PEP） 223
9.1.4　实验与结果 224
9.1.5　预曝光方法的影响 226
9.1.6　分析与讨论 229
9.1.7　小结 230

9.2　使用光和热固化树脂进行纳米压印的工艺优化和评测 231
9.2.1　引言 231
9.2.2　SU-8压印存在的问题 231
9.2.3　工艺条件优化 233
9.2.4　实验过程 238
9.2.5　小结 241

9.3　无需脱模工艺的复制转印技术 241
9.3.1　简介 241
9.3.2　制作复制模具（MXL模板） 241
9.3.3　复制转印实验 243
9.3.4　实验结果 244
9.3.5　复制转印的尺寸限制 246
9.3.6　小结 247

9.4　纳微米混合结构的一次转印技术 247
9.4.1　简介 247
9.4.2　纳米压印机LTNIP-2000 248
9.4.3　实验与结果 250
9.4.4　小结 253
参考文献 253

第1章　光刻技术概述

光刻技术（lithograph）一词源自于希腊语的石版画。在半导体制造领域，它指的是使用对光或电子束曝光敏感的聚合物（光敏树脂）生产微小元器件或电子电路图形的技术（图1-1）。

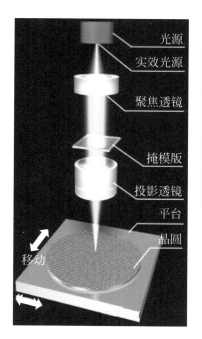

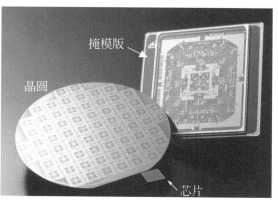

使用步进机（曝光机）将掩模版上的图形缩小并转移到晶圆上的技术

使用感光树脂薄膜（光刻胶）

图1-1　光刻技术的概念

目前，制造半导体的主流方法是将紫外线照射到画有微小元件和电子电路的掩模版上，然后用透镜形成图像，投射到硅片上进行曝光和转移，这是光刻技术的核心。

图1-2显示了光刻工艺的基本过程[1]。在有 SiO_2（绝缘膜）和 Al 膜（配线材料）的 Si 基板上涂覆光刻胶。然后，使用曝光机透过掩模版曝光掩模版上的图形。曝光后进行

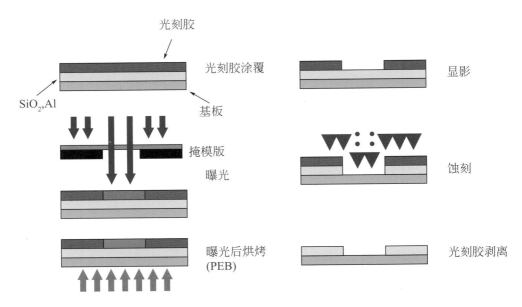

图1-2　光刻工艺的基本过程

烘烤，减少酚醛树脂的驻波效应，或增加化学增幅树脂的脱保护反应，以固定潜影。接下来，用碱性显影剂进行显影，如果是正性光刻胶，则显影所曝光的区域；如果是负性光刻胶，则显影未曝光的区域。产生的图形被用作蚀刻的掩模，蚀刻掉底层的金属膜。最后剥离光刻胶，在Si基板上就会产生一个器件图形[2,3]。

图1-3显示了光源的变迁和半导体设计尺寸的关系。设计尺寸为0.6μm时，使用高压汞灯的365nm（i线）波长光并于1990年开始批量生产。1996年开始使用KrF准分子激光的248nm光，量产尺寸为0.25μm。

对于i线曝光，使用的材料是酚醛树脂。酚醛树脂在248nm处有强烈的吸收，因此248nm采用了基于聚羟基苯乙烯（PHS）的化学增幅型光刻胶。2003年，开始使用ArF准分子激光器的193nm波长的光对图形尺寸为0.18μm的设计进行大规模生产。同样，由于聚羟基苯乙烯树脂的苯环在193nm处有强烈的吸收，所以选择了不包含苯环的化学增幅型丙烯酸树脂光刻胶。现在，ArF浸没式光刻技术已被大规模用来生产图形尺寸为65nm及以下的器件。整个光刻技术的发展历程就是通过不断地缩短曝光波长和根据波长不断地优化材料的选择，逐步实现了图形的微型化。

图1-4显示了曝光系统的演变。直到大约30年前，接触式曝光系统都是主流。在接触式曝光中，掩模版和涂有光刻胶的基板彼此紧密接触，整个面被紫外线照射。光刻胶材料是一种环状橡胶基的负性光刻胶。在接触曝光中，由于掩模版和基板直接接触，造成了掩模版的污染和图形受损，为此，使掩模版与基板稍稍分离的近距离曝光方式逐渐就被采用。

设计规则：
最小设计尺寸

65nm

i 线(365nm) ⇨ KrF (248nm) ⇨ ArF (193nm)

光源的变迁

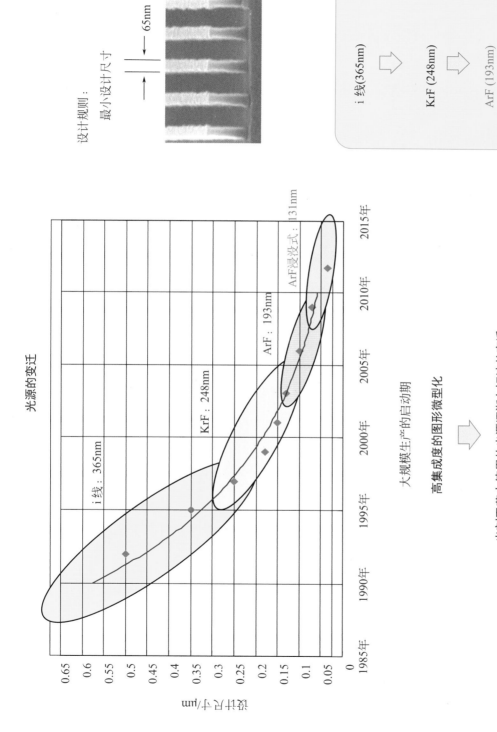

设计尺寸/μm

0.65
0.6
0.55
0.5
0.45
0.4
0.35
0.3
0.25
0.2
0.15
0.1
0.05
0

i 线：365nm

KrF：248nm

ArF：193nm

ArF浸没式：131nm

1985年 1990年 1995年 2000年 2005年 2010年 2015年

大规模生产的启动期

高集成度的图形微型化

⇩

光刻工艺中使用的光源逐渐向短波长变迁

图1-3 光源的变迁和半导体设计尺寸的关系

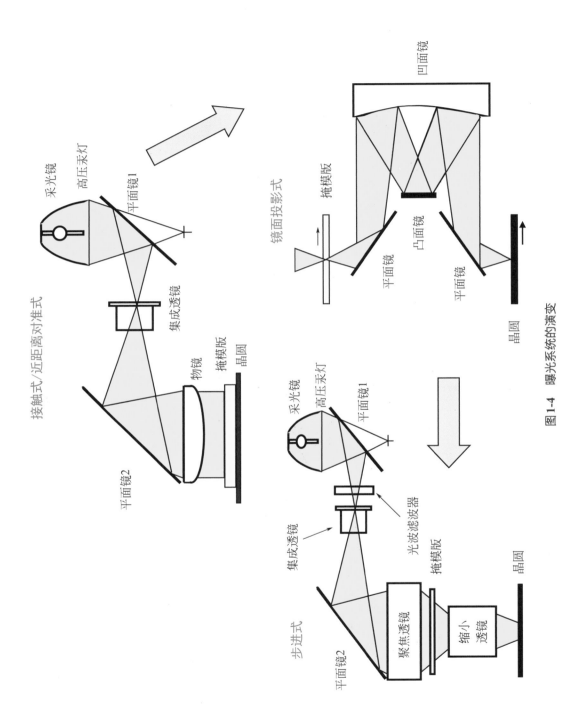

接触式/近距离对准式

采光镜
高压汞灯
平面镜1
集成透镜
物镜
掩模版
晶圆
平面镜2

镜面投影式

掩模版
凹面镜
凸面镜
平面镜
平面镜
晶圆

步进式

采光镜
高压汞灯
平面镜1
集成透镜
光波滤波器
掩模版
聚焦透镜
缩小透镜
晶圆
平面镜2

图1-4 曝光系统的演变

近距离曝光不能提供足够的分辨率，使得镜面投影式逐渐演变成为主流方法。镜面投影是一种使用凸面镜和凹面镜将掩模版上的图形成像在晶圆上的技术。由于只有掩模版的一小部分被成像，掩模和基板需要同时移动以进行曝光。为了满足进一步尺寸微型化的要求，1978年GCA公司开发了一个缩小投影曝光系统[4]。该系统通过使用缩小透镜，使掩模版上的图形被缩小到其原始尺寸的1/4或1/5。由于该系统曝光区域仅约为20mm²，其使用步进和不断重复的方法对整个晶圆进行曝光，故被称为步进曝光机。目前，缩小投影曝光法是尺寸微型化的主流曝光技术。

图1-5是图形微细化的方法。众所周知，瑞利方程表示了缩小投影法的极限分辨率[5]。

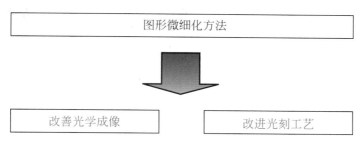

图1-5　图形微细化的方法

缩小投影曝光的极限分辨率公式（瑞利公式）：

$$R=k\frac{\lambda}{NA}$$

近距离曝光的极限分辨率公式：

$$R=k\sqrt{\lambda g}$$

式中，R是极限分辨率；λ是曝光波长；NA是透镜的数值孔径，$NA = \sin\theta$；g是掩模版和光刻胶的间距；k是由工艺决定的常数。从这个公式可以看出，为了获得更精细的图形，必须减少曝光波长λ或增加透镜数值孔径NA，同时由光刻工艺过程决定的常数k也需要减小。减小λ和增加NA意味着光学图像的改善，而减少k意味着光刻工艺的改善。在近距离曝光中，R是极限分辨率，λ是曝光波长，g是掩模版和基板之间的间距，k是光刻常数。较小的曝光波长和较小的g意味着更好的光学图像，而较小的k意味着更好的光刻工艺。换句话说，实现图形微细化的方法只有改善光学成像和改进光刻工艺过程这两种方法。

图1-6显示了光刻技术提高分辨率的方法。穿过掩模版的光线在晶圆上形成一个图像，由于衍射等的影响，图像变得越来越细。如果光刻胶被锥形的光强曝光，图形也就是一个锥形的形状。为了使图形更加矩形，就有必要：① 改善光学成像（更短的波长和更高的NA）；② 使用更高对比度的光刻胶。

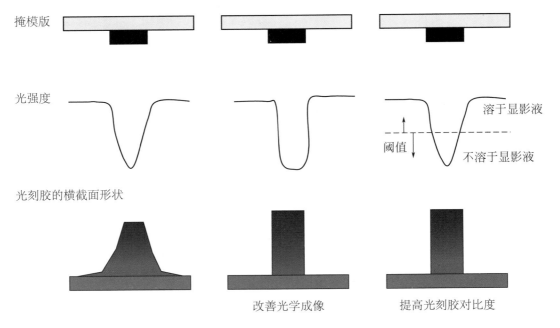

掩模版

光强度

阈值

溶于显影液

不溶于显影液

光刻胶的横截面形状

改善光学成像

提高光刻胶对比度

图1-6 光刻技术提高分辨率的方法

光刻胶的高对比度是指在一定的曝光阈值下，当曝光量大于阈值时，光刻胶会溶解在显影液中，而当曝光量小于阈值时，光刻胶就不会溶解在显影液中（图1-6）。对具有高对比度的光刻胶，即使光强度是"柔顺变化"，也可以纠正光学对比度，并得到一个矩形图形。

图1-7显示了理想光刻胶（感光树脂）的分辨率和感光度之间的关系曲线。如果研发出具有如此特性的光刻胶，曝光就可以获得纠正光强劣化的正矩形图形。从图中我们也可以了解到，要想得到如实反映光强度的图形，那就应该使用一种具有缓慢溶解性质的光刻胶材料。

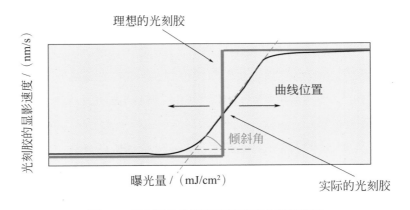

图1-7 光刻胶的分辨率和感光度之间的关系

参考文献

[1] 山岡亜夫, 超微細加工とレジスト材料, シーエムシー出版 (1985).

[2] 野々垣三郎, マイクロリソグラフィ, 丸善 (1986).

[3] 山岡亜夫, 半導体集積回路用レジスト材料ハンドブック, リアライズ社 (1996).

[4] 楢岡清威, マイクロリソグラフィの歴史とステッパの誕生, 住友GCA出版, p.34(1992).

[5] 山岡亜夫, 半導体集積回路用レジスト材料ハンドブック, リアライズ社, p.8(1996).

第2章 光刻胶的涂覆

2.1 光刻胶涂覆装置

本章主要介绍光刻胶涂覆技术。光刻胶的评测首先从在基板上涂覆光刻胶开始。涂覆方法一般为旋涂法、浸涂法和滚涂法等。下面详细介绍各种涂覆方法的特征。

2.1.1 丝网印刷涂覆法

所谓丝网印刷涂覆，就是在丝网印刷版上滴下光刻胶，用一种叫作刮板的刮刀，将光刻胶拉伸后刮涂的方法。一定量的光刻胶从丝网印刷版上开的微孔向基板移动，然后被涂覆。图2-1显示了丝网印刷涂覆法概要及特点。

丝网印刷涂覆法适用于数十微米至几毫米厚膜的涂覆。膜的厚度由刮板和丝网印刷版的间隔以及刮板的移动速度决定。滴入光刻胶后，时间一长，树脂的黏度就会发生变化，这是造成面内膜厚度变动和产生缺陷的原因。

2.1.2 旋涂法

最常用的涂覆方法是旋转涂覆法（旋涂法）。在基板上滴下光刻胶，基板高速旋转就可以得到薄膜。涂覆后，通过热板对基板进行烘烤，可以得到牢固的树脂膜。决定膜厚的主要参数是基板的旋转速度和树脂的黏度。图2-2显示了旋转涂覆法概要及特点。关于旋转涂覆法细节，在下一节进行阐述。

旋转涂覆法适用于从超薄膜（约20nm）到100μm左右的厚膜的涂覆。其特点是均一性好、晶圆间的膜厚均匀、缺陷少等，可以获得高涂覆性能的膜。但是，需要有配套烘烤的全自动装置，费用很高。

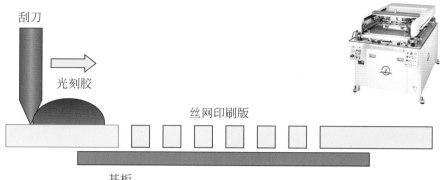

刮刀

光刻胶

丝网印刷版

基板

丝网印刷涂覆法特点

涂覆膜：	厚膜
均一性：	△
膜厚变动：	× （黏度有变化）
缺陷：	×

图2-1　丝网印刷涂覆法概要及特点

△——一般；×——不好

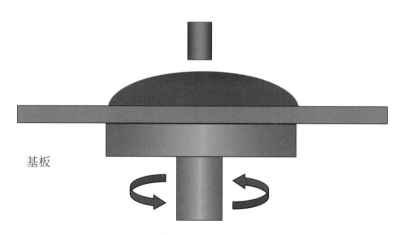

基板

旋转涂覆法特点

涂覆膜：	薄膜和厚膜（20nm～100μm）
均一性：	◎
膜厚变动：	◎
缺陷：	◎
装置价格：	高

图2-2　旋转涂覆法概要及特点

◎——最好

2.1.3 滚涂法

在辊前供给光刻胶，利用辊的旋转进行涂覆。通过基板和辊的距离、辊的旋转速度实现膜厚的控制。图2-3显示了滚涂法的概要及特点。

涂覆膜适用于100μm左右的厚膜。涂覆时光刻胶容易干，膜厚均匀性的调整很难，但具有高的产能。

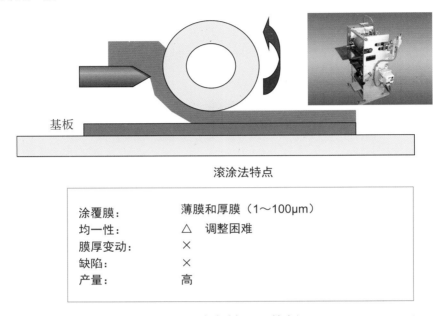

滚涂法特点

涂覆膜：	薄膜和厚膜（1～100μm）
均一性：	△　调整困难
膜厚变动：	×
缺陷：	×
产量：	高

图2-3　滚涂法概要及特点

△——一般；×——不好

2.1.4 膜压法

膜压法是使用专用膜压机将预先调整好厚度的干膜贴附在基板上的方法。适用于20～100μm的厚膜。由于预先调整了膜厚，因此在膜厚变化和均匀性上具有优越的性能。其量产性很好，是微电机械系统（MEMS）等厚膜工艺中经常使用的涂覆方法。图2-4显示了膜压法概要及特点。

2.1.5 浸涂法

浸涂法是把待涂覆基材浸入光刻胶直接浸涂的方法。这种方法不仅可处理平面基板，也可应对球状、棒状或凹凸状等形状的基板。膜厚可通过调节基板的牵引速度来调节。它可涂覆约1μm的薄膜到约100μm的厚膜。图2-5显示了浸涂法概要及特点。

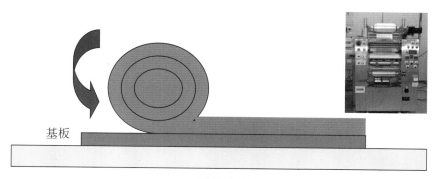

基板

膜压法特点

涂覆膜：	20～100μm厚膜
均一性：	◎ （干膜）
膜厚变动：	◎ （干膜）
缺陷：	◎
产量：	高

图2-4　膜压法概要及特点

◎—很好

 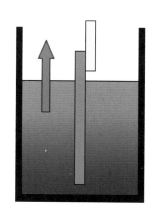

浸涂法特点

涂覆膜：	薄膜和厚膜（ 1 ～100μm）
均一性：	△ （难以调整）
膜厚变动：	× （黏度可变）
缺陷：	○
产量：	高

图2-5　浸涂法概要及特点

○—好；△—一般；×—不好

2.1.6 喷涂法

在喷涂过程中，使用喷嘴将光刻胶喷涂到基板上以获得涂层。这是一种可以应用于大台阶的基板涂覆技术，可有效地对台阶进行合适膜厚的涂覆。图2-6显示了喷涂法概要及特点，适用膜厚达数百微米的厚膜。虽然喷涂树脂的黏度容易发生变化，并且在膜厚波动方面难以控制工艺，但它仍是一种适用于各种有台阶基材的有效涂覆方法。需要根据用途选择涂覆方法和设备。

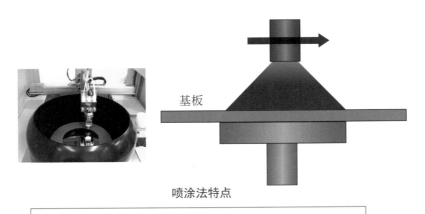

喷涂法特点

涂覆膜：	薄膜～厚膜（100nm～100μm）
均一性：	△ （难以调整）
膜厚变动：	× （容易改变黏性）
发生缺陷：	○
产量：	○

图 2-6　喷涂方法概要及特点

○—好；△——一般；×—不好

表2-1中总结了每种涂覆方法的特点。

表2-1　各种涂覆方法特点比较

涂覆方式	膜厚	均一性	膜厚变化	缺点	可量产性	价格
丝网印刷法	厚膜	△	×	×	◎	◎
旋涂法	20nm～100μm	◎	◎	◎	△	高
滚涂法	1～100μm	△	△	×	○	○
膜压法	20～100μm	◎	◎	◎	◎	△
浸涂法	1～100μm	△	×	△	○	◎
喷涂法	100nm～100μm	△	×	○	○	△

注：◎—很好；○—好；△——一般；×—不好。

2.2 旋涂工艺

光刻胶通常采用旋涂法涂覆在基板上。旋涂法是将光刻胶材料滴在基板上，低速旋转基板使其展开，然后高速旋转，得到均匀薄膜。之后，进行烘烤使溶剂挥发以获得光刻胶膜。

2.2.1 旋涂工艺流程

图2-7中显示了一个旋涂工艺流程示例。主旋转时的基板旋转速度决定了光刻胶的膜厚。旋转速度与膜厚的关系如式（2-1）所示。

$$\text{Spin} = kT^n \tag{2-1}$$

式中，Spin是旋转速度；T是膜厚；k，n是常数。

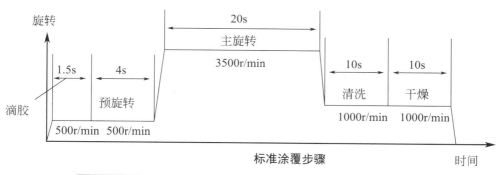

图2-7 旋涂工艺流程示例

由式（2-1）可知，基板转速越高，膜越薄。图2-8表示出旋转速度与膜厚的关系。将旋转速度和膜厚绘制在对数图上，可以发现它们呈近似直线关系。

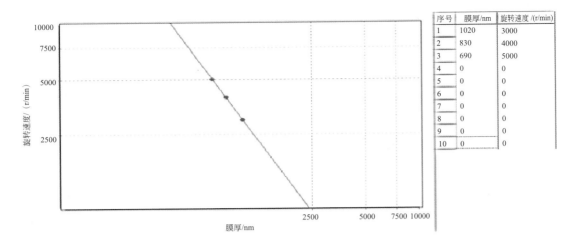

序号	膜厚/nm	旋转速度/(r/min)
1	1020	3000
2	830	4000
3	690	5000
4	0	0
5	0	0
6	0	0
7	0	0
8	0	0
9	0	0
10	0	0

图2-8　膜厚与旋转速度的关系

在这个例子中

$$\text{Spin}=kT^n$$
$$k=2.6104\times10^7$$
$$n=-1.3086$$

为了得到900nm的膜厚，应使用3554r/min的旋转速度。膜厚虽然由主旋转速度决定，但也受涂覆室内温度、湿度、溶剂蒸气浓度、排气速度等影响，同时还与光刻胶黏度和光刻胶类型有关。

不同类型的光刻胶涂覆曲线比较见图2-9。

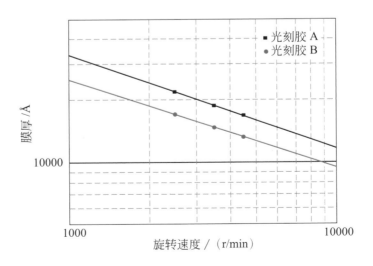

图2-9　不同类型的光刻胶涂覆曲线比较

$$1Å = 1\times10^{-10}m$$

2.2.2 旋涂工艺影响因素

2.2.2.1 主旋转时间的影响

主旋转时间与膜厚的关系如图2-10所示。主旋转时间短时，膜厚增大，超过20s时，膜厚几乎不变。因此，主旋转时间通常选为20s以上。

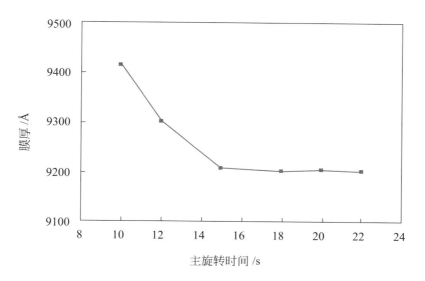

图 2-10 主旋转时间与膜厚的关系

图2-11显示了光刻胶滴胶时不同基板转速与膜厚的关系。当光刻胶滴落到基板上

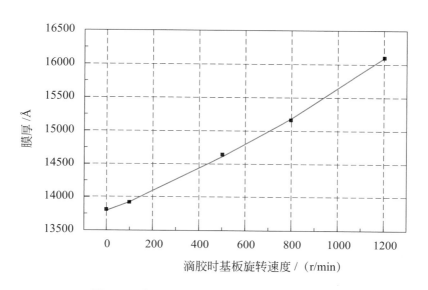

图 2-11 光刻胶滴胶时基板转速与膜厚的关系

时，即使随后的主旋转速度相同，滴胶时基板的转速也会影响最终的膜厚。光刻胶膜的厚度随着滴胶时基板旋转速度的增加而增加，这是因为光刻胶滴下后展开时溶剂蒸发的影响。

图2-12显示了光刻胶滴胶时不同基板转速下膜厚与主旋转速度的关系。从该图中可以看出，随着滴胶基板旋转速度的增加，膜厚变化更快，在主旋转速度较低区域差别更明显。

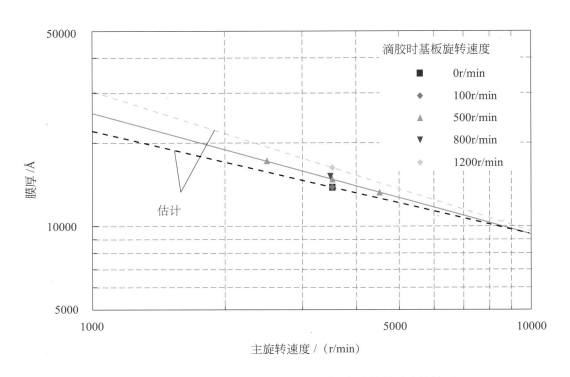

图 2-12　光刻胶滴胶时不同基板转速下膜厚与主旋转速度的关系

2.2.2.2　涂覆时湿度的影响

图2-13表示涂覆时的湿度和膜厚分布的关系。当湿度降低时，膜的厚度会上升。这是由于湿度降低促进了溶剂的蒸发。但是膜厚分布却没有明显的变化。

2.2.2.3　涂覆时温度的影响

图2-14表示涂覆时的温度和膜厚分布的关系。当涂覆室内的温度上升时，膜的厚度增大。另外，可以看出涂覆膜的膜厚分布从凸形变为凹形。可知涂覆室温度为26℃（光刻胶温度为21℃）时面内均匀性最好。

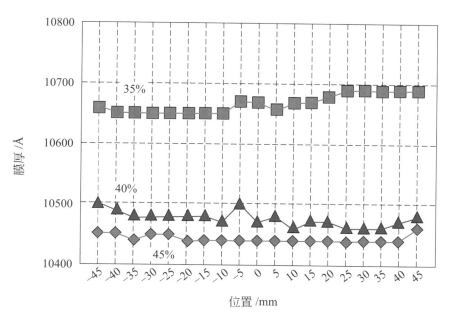

图2-13　涂覆时湿度和膜厚分布的关系

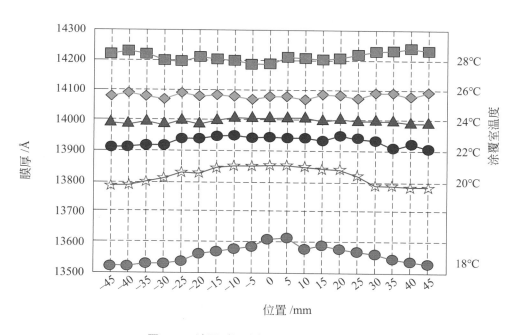

图2-14　涂覆时温度与膜厚分布的关系

图2-15表示不同的光刻胶温度和膜厚分布的关系。在涂覆室内温度为26℃，光刻胶温度为21℃时获得了最高的均匀性。由此可知光刻胶的温度也影响涂覆均匀性。

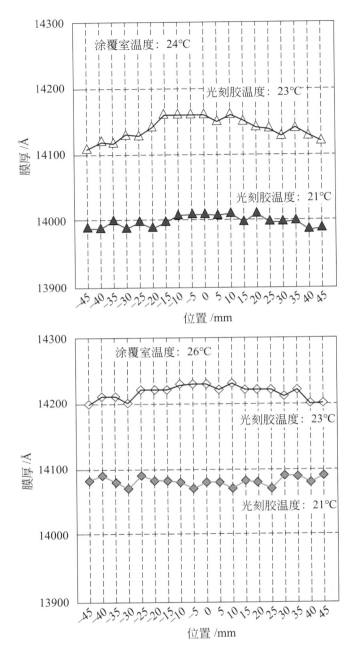

图2-15　不同的光刻胶温度和膜厚分布的关系

2.2.2.4　涂覆时排气速度的影响

图2-16表示排气速度与膜厚分布的关系。排气速度为0，即在不排气的情况下，显示出晶圆中心有变厚的倾向。提高排气速度，均匀性会提高，但如果提高过多，均匀性又会下降。由此可知排气速度存在最佳值。

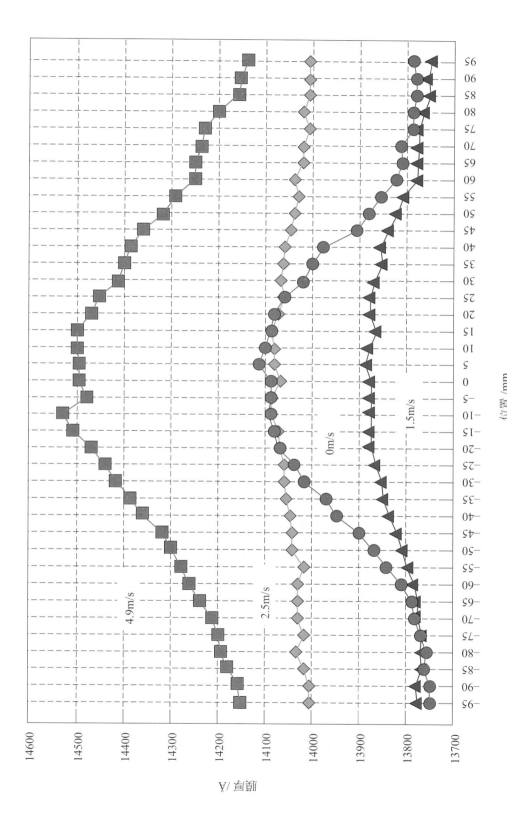

图2-16 排气速度与膜厚分布的关系

图2-17所示为涂覆室温度26℃、光刻胶温度21℃、排气速度2.8m/s时的涂覆结果。控制好条件的前提下，直径200mm的三张硅基板可以达到涂覆膜厚差5nm以内。为了均匀地涂覆光刻胶，需要优化涂覆工艺。图2-18为光刻胶涂覆和烘烤装置（LTJ公司制造）。

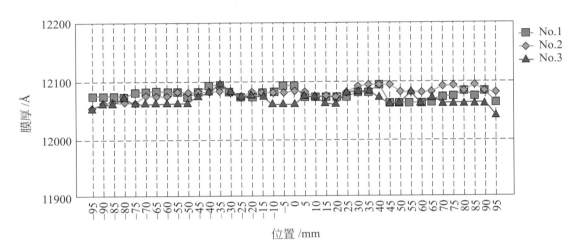

图2-17　涂覆室温度26℃、光刻胶温度21℃、排气速度2.8m/s时的涂覆结果

图2-18　光刻胶涂覆和烘烤装置（LTJ公司制造）

2.3 HMDS处理

2.3.1 HMDS处理原理

为了使光刻胶的涂覆性更好，需用六甲基二硅氮烷（HMDS）对晶圆进行处理。特别是当Si氧化膜表面附着了水分，形成了硅醇等降低了光刻胶的黏结力情况下。为除去水分和分解硅醇，通常将晶圆加热至100～120℃，导入雾状HMDS，使之发生化学反应[1]，反应机理如图2-19所示。通过HMDS处理，亲水性和接触角小的表面变成疏水性和接触角大的表面。加热晶圆可以获得更高的光刻胶黏结力。为了进一步提高附着力，最近也有报道在加热真空中引入HMDS的真空-气相-prime等方法（VVP）[2]。

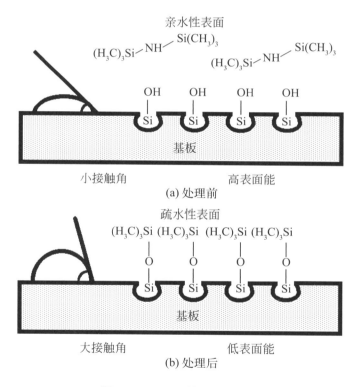

图2-19　HMDS处理反应机理

2.3.2 HMDS处理效果

通过测量接触角可以观察HMDS处理的效果。图2-20示出了HMDS处理时间与接触角的关系（处理温度110℃），基板是Si，HMDS处理时间大于1min，接触角大于80°，处理效果稳定。图2-21示出了HMDS处理温度与接触角的关系（处理时间60s），当温度超过120℃时，接触角降低，这表明HMDS因热而分解。因此通常在100～110℃温度下进行HMDS处理。

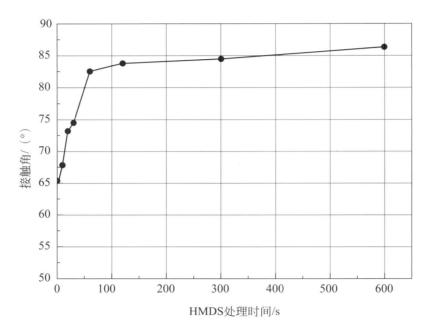

图2-20　HMDS处理时间与接触角的关系（处理温度110℃）

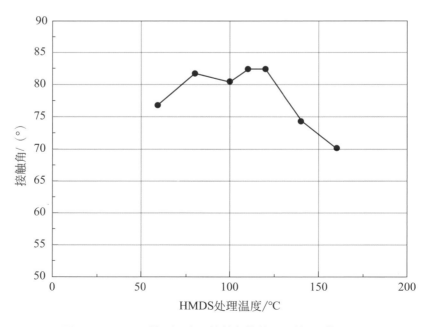

图2-21　HMDS处理温度和接触角的关系（处理时间60s）

图2-22为HMDS处理效果（图形尺寸为1μm）。对带氧化膜的硅基板进行HMDS处理，形成光刻胶图形。然后，用加入缓冲剂的氢氟酸蚀刻氧化膜。蚀刻液也渗入光刻胶图形的底部等方向进行蚀刻。如图所示，进行HMDS处理后，可以保持光刻胶图形不脱落。

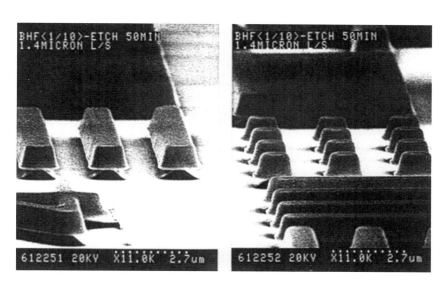

图2-22 HMDS处理效果（图形尺寸为1μm）

图2-23显示了真空HMDS批处理装置（LTJ公司生产）。

真空度：10^{-1}Torr（1Torr=133.3224Pa）
设定温度：80～200℃
HMDS供气：混合方式
样品大小：2个标准6in盒或1个8in盒
设备尺寸：W1450×D600×H1750
电源：200V/30A

图2-23 真空HMDS批处理装置（LTJ公司生产）

1in=0.0254m

2.4 预烘烤

在基板上旋涂光刻胶后,使用热板进行预烘烤。之所以称为"预烘烤",是因为它是曝光前烘烤,与曝光后烘烤对应。预烘烤的主要目的是蒸发掉树脂中的溶剂,形成坚固的薄膜。预烘烤温度低,溶剂则残留在光刻胶中,而温度过高,则感光剂本身会分解,一般预烘烤在90~110℃左右进行。预烘烤以前一直使用批处理,例如烤箱,后来也使用传带式烘箱。传带式烘箱是一种将晶圆放置在带上并移动的烘箱,通过安装在传送带上部的热源进行烘烤。烤箱式和传带式烘箱都是从顶部烘烤。大约1985年,美国GCA公司首次提出热板法。目前,这种热板烘烤方式已是主流。早期的热板法是在烤盘上开吸孔,用真空吸住晶圆。之后,为了更均匀地烘烤,采用了使用辐射热的接近式烘烤方法。接近式烘烤是用顶针托起晶圆使晶圆高于烤盘200~400μm的方法。如果几根顶针高度稍有不同,则整个基板与热板之间的距离会不一致,导致烘烤不均匀。图2-24为LTJ公司制造的手动烘烤装置。

图2-24　手动烘烤装置（LTJ公司制造）

图2-25为膜厚与旋转速度的关系。在相同的旋转速度下,预烘烤温度越高,膜厚越小。这表明预烘烤温度越高,溶剂蒸发越多,导致薄膜厚度越薄。

图2-26显示出预烘烤温度与Dill's A 参数[3]的关系。A 参数详述见第4章【曝光后烘烤（PEB）和显影】。A 参数表示感光剂浓度(即光刻胶相对于光的对比度)。由图2-26可知,当预烘烤温度升至140℃以上时,A 参数减小,表明感光剂在高于该温度的情况下发生分解。图2-27显示了不同预烘烤温度下的光谱透过率。在160℃和180℃下,于300~500nm的波长范围内可观察到透过率增加。由此可确认,感光剂在高温下烘烤分解。

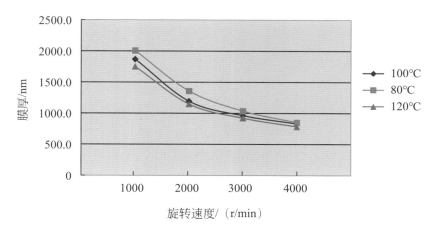

图2-25 膜厚与旋转速度的关系
（预烘烤温度80℃、100℃、120℃，光刻胶OFPR-800，20mPa·s）

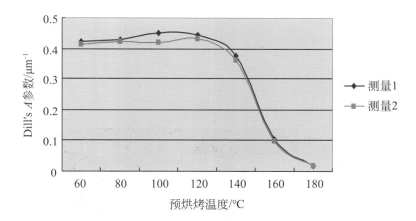

图2-26 预烘烤温度与Dill's A参数的关系（OFPR-800/2测量值）

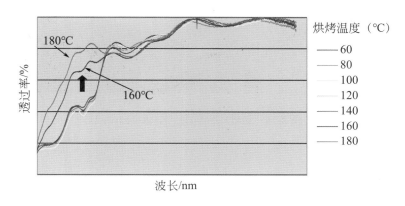

图2-27 不同预烘烤温度下的光谱透过率（OFPR-800，1μm膜厚）

预烘烤温度有一个最佳值，由光特性、感光度等决定。

2.5　膜厚评测

在基板上涂覆光刻胶，烘烤后进行膜厚的测定，以确定是否得到期望的膜厚。有使用台阶仪直接测量膜厚度，也可以采用非接触测量法，即利用光谱反射率进行拟合来测量膜厚度。前者适用于数微米以上的厚膜，后者适用于50nm～300μm膜厚的测量。近年来，用于ArF曝光等的底部抗反射涂层（BARC）是约30nm的超薄膜，它利用椭圆偏振原理进行膜厚的测量[4]。

2.5.1　用高低差测量膜厚（数微米～500μm）

使用尖端为钻石的笔（触针），在一定的低针压下划过测量物表面，进行段差、表面粗糙度、起伏等的测量。它不仅可以用来测定膜厚度，还可以用来评价表面形状。图2-28为触针式台阶仪（KLA-Tencor制造）。

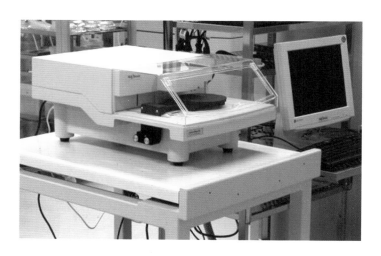

图2-28　触针式台阶仪（**KLA-Tencor**制造）

2.5.2　光谱反射仪测量膜厚（50nm～300μm）

从基板上部垂直照射可见光，通过光谱反射率来测量膜厚度。图2-29为美国Foothill公司生产的膜厚测定装置。

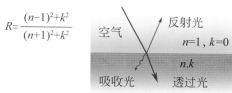

$$R=\frac{(n-1)^2+k^2}{(n+1)^2+k^2}$$

空气　　　反射光

$n=1$，$k=0$

n,k

吸收光　　透过光

反射是光穿过不同物质之间的界面时产生的

　n：折射率

　k：消光系数

图 2-29　美国 Foothill 公司生产的膜厚测定装置

图 2-30 中说明了膜厚测定原理。光被树脂表面和基板界面反射，作为干涉光进入传感器。反射光通过分光器分光以获得分光反射强度。式（2-2）中列出了反射强度与膜厚的关系。

$$R_{s}=A+B\cos\left(\frac{2\pi}{\lambda}nd\right) \tag{2-2}$$

式中，R_{s} 为反射强度；λ 为波长；n 为折射率；d 为膜厚；A、B 为常数。

通过拟合得到的光谱反射强度数据来确定膜厚 d。膜厚越大，每波长范围的振幅数越大。当膜厚小于 50nm 时，不会出现干涉，并且拟合精度降低。

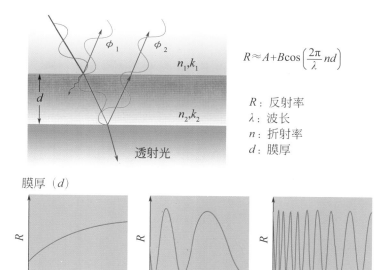

图 2-30　测定原理的说明

图2-31为在6in基板内进行多点测量得到的膜厚分布3D图的例子。

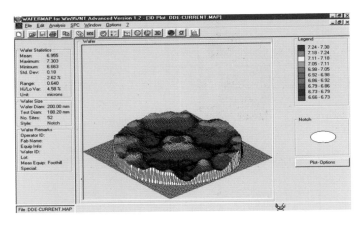

图2-31 膜厚分布3D图

2.5.3 椭圆偏光计（椭偏计）测量膜厚（1nm ～ 2 μm）

对于50nm以下的薄膜，光谱反射法无法获得具有多个条纹的光谱反射强度，难以拟合膜厚。可使用椭圆偏光法（ellipsometry）膜厚计来测量超薄膜的厚度。传统的椭偏计（旋转移相器法、椭偏法）中，需要以极高的机械或电气精度控制偏振元件，并且重复测量多个光谱，装置的小型化和高速化都不容易实现。而采用通道式光谱偏振测量方法，尺寸小型化，且测量速度得到了很大提高。该方法是利用高阶移相器的偏振干涉得到通道光谱，可以在一次测量中完整地确定样品椭偏参数的波数分布。通道式椭偏仪只需要一个既不用机械控制也不用电控制的光学偏振元件，比传统椭偏仪小得多，速度也快，可用于超薄膜厚度测量。图2-32根据欧姆龙公司资料给出了光谱椭偏仪测量原理。

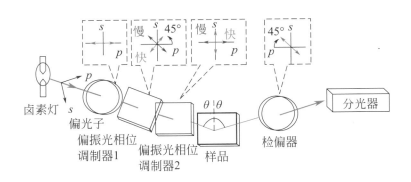

图2-32 光谱椭偏仪测量原理

图2-33给出了LTJ公司制造的使用光谱椭偏仪的超薄膜厚度计照片（UTFTA-200），表2-2列出了分析仪的规格。

图2-33　使用光谱椭偏仪的超薄膜厚度计（**UTFTA-200**，由**LTJ**制造）

表2-2　使用光谱椭偏仪的超薄膜厚度计规格

项目	规格	备注
数据采集速度	20ms（Si）	晶圆上的 SiO_2 薄膜（光斑尺寸 ϕ1mm×4mm）
膜厚测量范围	1～2000nm	Si 晶圆上的 SiO_2 薄膜
重复精度	0.1nm	Si 晶圆上的 SiO_2 薄膜
计测波长	530～750nm	

参考文献

[1] R. Dammel: "Diazonaphtoqinone-Based resist", *Short course notes, SPIE's 1992 Symposium on Microlithography*, **SC-12**, Chapter 2, p. 91(1992).

[2] GCA Corp. IC system group: "Vacuum Vapor Prime Characterization", Wafertrac Application Note, pp. 1-4(1983).

[3] F. H. Dill, W. P. Hornberger, P. S. Hauge, and J. M. Shaw: "Characterization of Positive Photoresist", *IEEE Trans. Electron Dev.*, **Vol. ED-22**, No. 7, pp. 445-452(1975).

[4] H. Okabe, M. Hayakawa, K. Mtoba, A. Taniguchi, K. Oka and H. Naito, *4th International Conference on Spectroscopic Ellipsometry*, **AI1. 3**, 173, June 11-15, in Stockholm(2007).

第3章 曝光技术

3.1 曝光设备概述

曝光过程是光刻技术中最重要的过程。曝光过程就是将图形从掩模版转移到晶圆上的过程，而用于转移图形的设备就是曝光设备。

3.1.1 接触式对准曝光

接触式对准曝光系统如图3-1所示，包括照明系统、快门、放置掩模版的底座和升

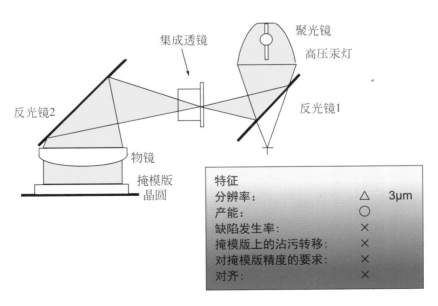

图3-1 接触式对准曝光机

○—好；△—一般；×—不好

降台、将掩模版固定在掩模框架上的抽真空装置、固定晶圆的真空夹具和将其移动的模块，以及用于调准位置的分场显微镜（允许同时观察左右几十厘米的区域）。掩模版被压在涂有光刻胶的晶圆上，并从上面用紫外光照射，将掩模版上相同大小的图形转移到晶圆上的光刻胶上。接触式对准曝光机早在20世纪60年代即被推出。

接触式对准曝光机分辨率约3μm。由于采用等倍的掩模版仅需一次曝光，因此量产性很好。然而，掩模版和晶圆之间的直接接触会导致掩模版的污染和对所接触的光刻胶表面的损害，从而导致图形缺陷。图3-2为美国Neutronix-Quintel公司的接触式对准曝光机。

图3-2　美国Neutronix-Quintel公司的接触式对准曝光机

3.1.2　近距离对准曝光

接触式对准曝光机因为掩模版和晶圆直接相互接触，有导致掩模版污染的问题。为此，开发了近距离对准曝光机，此时掩模版和晶圆被放置在相距一定距离的地方。由于掩模版和晶圆的曝光距离较远，分辨率自然会降低，其极限分辨率约为10μm。图3-3为近距离对准曝光机。

3.1.3　镜面投影曝光

1973年，Perkin-Elmer（美国）首次公开了一个等尺寸的镜面投影曝光系统。如图3-4所示，将凹面镜和凸面镜结合，设计了一个具有弧形视场的光学系统[1]。由于视场只是一个狭窄的圆弧，通过在平面方向上同时扫描掩模版和晶圆，使掩模图形转移到整个晶圆上成为可能。分辨率达到了2.5μm，按照当时的标准此系统极为成功。

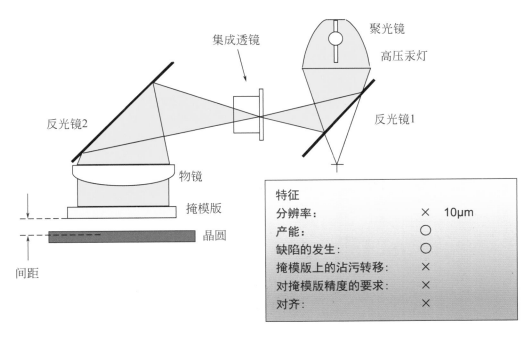

图 3-3 近距离对准曝光机

○—好；×—不好

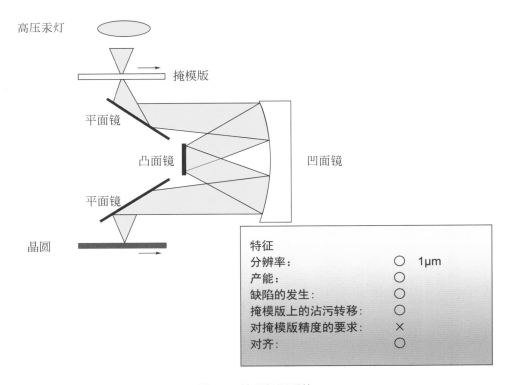

图 3-4 镜面投影系统

○—好；×—不好

光刻胶材料评测技术——从酚醛树脂光刻胶到最新的EUV光刻胶

3.1.4 缩小的投影曝光系统——步进曝光机

1978年，美国GCA公司推出了世界上第一台缩小投影曝光系统。这个系统是通过使用一个缩小的投影透镜将掩模版图形缩小到其原始尺寸的1/5～1/4来曝光。曝光面积约为20mm²，为了曝光整个晶圆，曝光和晶圆的移动是重复进行的，因为采用步进式重复的方法，所以被称为步进曝光机。步进曝光机的轮廓如图3-5所示。

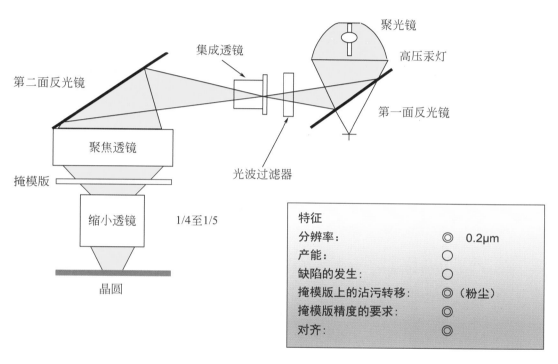

图3-5 步进曝光机

◎—很好；○—好

步进曝光机通过第一面反光镜反射高压汞灯发出的紫外光，并使用光波滤波器提取单一波长的光。起初，使用的是436nm（g线）的波长，后来由于需要更高的分辨率，波长变为365nm（i线）。掩模版从第二面镜子通过聚焦透镜照射。GCA在1978年推出的第一个步进曝光机配备了NA=0.28和1/10的蔡司镜头，分辨率为1μm，视场直径为14.5mm。步进曝光机的投影镜头几乎完全没有像差。不仅是球差，而且畸变、图像曲率、彗差和散光都非常小。目前半导体生产图形微细化的主流曝光方式是由步进曝光机发展出来的扫描方式曝光。曝光波长从436nm（汞灯）缩短到365nm（汞灯），再到248nm（KrF准分子激光），进一步到193nm（ArF准分子激光）。

图3-6显示了曝光波长和光刻胶材料（抗蚀材料）的变化。

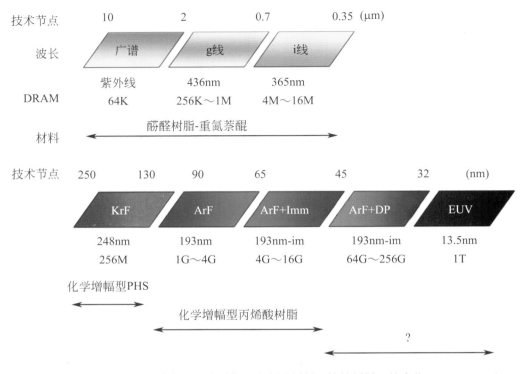

技术节点	10	2	0.7	0.35	(μm)

图3-6 曝光机的曝光波长和光刻胶材料（抗蚀材料）的变化

图3-7是尼康的193nm扫描曝光机（NSR-S310F）及其规格[2]（NA＝0.92，分辨率达到65nm）。1980年，作者作为新人工程师的光刻事业刚刚起步，当时的尺寸精度为3μm，64K的DRAM量产刚刚开始。在新人的培训中，我们被告知光刻的极限是0.5μm，超过这个范围，将采用电子束曝光。现在，通过193nm的曝光，在大规模生产上可以实现0.08μm（80nm）或更小尺寸的图形，而通过使用ArF（193nm）浸没式曝光技术，更可以实现0.032μm（32nm）尺寸的图形[3]。

分辨率	≤65 nm
NA	0.92
曝光光源	ArF准分子激光（波长193 nm）
缩小倍率	1：4
曝光范围	26 mm×33 mm
图像叠加	$[M]+3\sigma \leqslant 7$ nm
产能	每小时产300nm晶圆174片以上

图3-7 使用ArF准分子激光器（193nm）的扫描曝光机（摘自尼康公司产品目录）

3.2 曝光原理

本节将简要地介绍曝光（光学）技术，曝光技术实际上属于光学技术领域。作者是化学专业出身，在阅读充满深奥数学公式的光学技术书籍时，常常感到困惑不解，因此试图不使用数学公式而呈现出曝光技术的本质。

3.2.1 近距离曝光的光学原理

近距离曝光是一次性曝光的方法，其中掩模版和晶圆相隔10 ～ 20μm。当曝光的光线通过掩模版的狭缝时，在Cr掩模的边缘发生近场区域的衍射，即菲涅耳衍射。衍射的光线绕过本应被遮挡的区域，导致图形劣化。图3-8为近距离曝光和菲涅尔衍射。

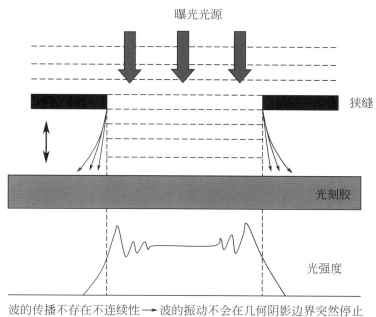

图3-8　近距离曝光和菲涅尔衍射

近距离曝光的分辨率由式（3-1）得到：

$$R = k\sqrt{\lambda g} \tag{3-1}$$

式中，R是分辨率；λ是曝光波长；g是掩模版和晶圆之间的间距。图3-9显示了计算出的间距对近距离曝光光强的影响。曝光波长为436nm，图形尺寸为10μm。间距被设置为0μm、10μm和100μm。从结果中可以看出，随着间距的增加，光强分布在劣化。

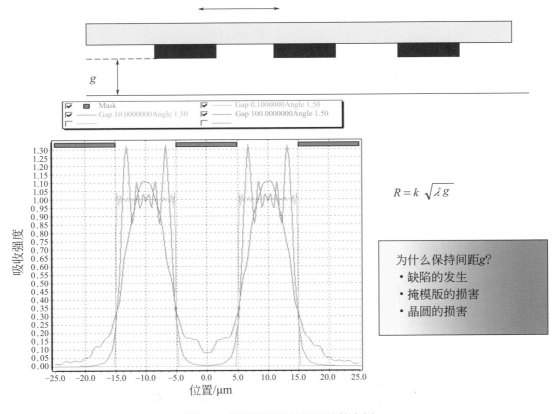

$$R = k \sqrt{\lambda g}$$

为什么保持间距g?
· 缺陷的发生
· 掩模版的损害
· 晶圆的损害

图3-9　近距离曝光的光强计算实例

图3-10显示了曝光和显影后光刻胶的图形形状，是基于图3-9的光强结果计算的。光刻胶是OFPR-800，1μm厚。曝光量都被设定为150mJ/cm²。结果表明，光刻胶曝光显影后的形状随着间距的增加而劣化。

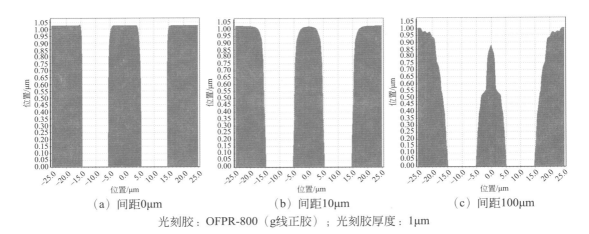

（a）间距0μm　　　　　（b）间距10μm　　　　　（c）间距100μm

光刻胶：OFPR-800（g线正胶）；光刻胶厚度：1μm

图3-10　近距离曝光的光刻胶几何形状（分别以0μm、10μm、100μm的间距计算）

3.2.2 步进曝光机的光学原理

1979年，GCA推出了NA为0.28的g线步进曝光机[3]。1983年，尼康也推出了NA为0.30的步进曝光机。GCA和尼康之间就开始了追求更高NA化的激烈竞争。最后，尼康凭借NA=0.42和NA=0.45镜头的成功开发，确立了自己的霸主地位[4]。也正是随着缩小的投影光学曝光系统（步进曝光机）的出现，集成电路微型化的速度被极大加快了。其中最关键的技术就是缩短曝光波长和提高NA。

图3-11是步进曝光机的光学系统和瑞利方程。汞灯发出的紫外光通过反光穿过快门，进入蝇眼透镜，被分解成一个个点光源的集合，以确保均匀的照明。然后，它通过照明系统的光圈、聚光镜。来自聚光镜的平行光照亮掩模版。在通过掩模版后，光线被缩小投影透镜缩小并在晶圆上成像。分辨率、曝光波长和NA之间的关系由瑞利方程表示（式3-2）。

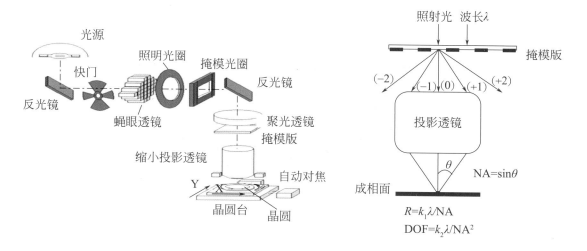

图3-11 步进曝光机的光学系统和瑞利方程

$$R=k_1 \frac{\lambda}{\mathrm{NA}} \tag{3-2}$$

式中，R是分辨率；λ是曝光波长；NA是透镜数值孔径。NA如式（3-3）所示：

$$\mathrm{NA}=\sin\theta \tag{3-3}$$

式中，θ是进入光刻胶的衍射光的衍射角。从式（3-2）可知，为了降低分辨率R，要么必须降低曝光波长λ，要么必须增加透镜数值孔径NA。k_1是一个由工艺决定的常数。对于量产来说，k_1一般要求为0.3或更高。聚焦深度（DOF）、曝光波长和NA之间的关系如式（3-4）所示。

$$DOF = k_2 \frac{\lambda}{NA^2} \tag{3-4}$$

为了降低分辨率R，曝光波长λ需要更小，NA需要更大，但是NA平方与聚焦深度成反比，增加NA会迅速减小聚焦深度。目前，CMP[4]等技术被用来对基板进行平坦化处理，以应对更高的NA。一些最新的ArF步进机的NA为0.87，DOF只有76nm（按k_2=0.3计算）。

在掩模版被照射时，当光线通过尺寸接近曝光波长的狭缝，会产生衍射光。衍射光是由具有DO偏差的零阶光和具有图形信息的1阶、2阶、3阶……高阶衍射光组成。

图3-12是一个示意图。透过窄缝的光线产生了0阶、1阶和2阶的衍射光。1阶和2阶衍射光具有图形信息，在晶圆上形成空间图像。

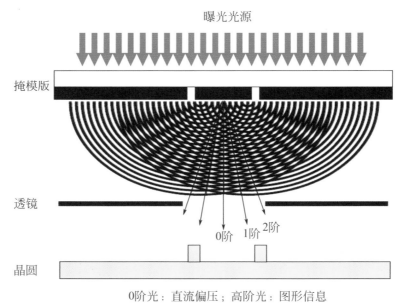

0阶光：直流偏压；高阶光：图形信息

图3-12　衍射光和透镜数值孔径（NA）之间的关系

低NA情形下的原理见图3-13。当透镜NA低时，0阶衍射光可以通过透镜，但由于衍射角的原因，1阶和2阶衍射光不能通过透镜。0阶光是直流偏压，没有图形信息。如果1阶、2阶及更高阶的衍射光没有通过透镜，就不能对分辨率做出贡献，也就不能获得图形。

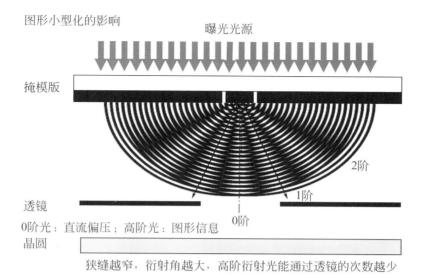

图形小型化的影响

曝光光源

掩模版

2阶

1阶

透镜

0阶

0阶光：直流偏压；高阶光：图形信息

晶圆

狭缝越窄，衍射角越大，高阶衍射光能通过透镜的次数越少

图3-13　低NA情形下的原理

3.2.3　获得高分辨率的方法

3.2.3.1　高NA的影响

如图3-14所示，即使在高NA的情况下，随着图形尺寸变小，衍射角变大，同样，高阶衍射光也不能通过透镜。正是由于这个原因，分辨率 R 随着NA的增加而提高。

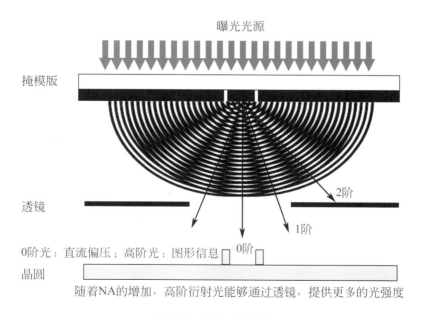

曝光光源

掩模版

2阶

透镜

1阶

0阶

0阶光：直流偏压；高阶光：图形信息

晶圆

随着NA的增加，高阶衍射光能够通过透镜，提供更多的光强度

图3-14　高NA的效果

3.2.3.2 倾斜入射照明

假设照明光像一个环形从一角度照射掩模版[5]。光倾斜照射掩模版，使衍射光亦倾斜，即使透镜的NA小，也能使0阶和1阶衍射光通过透镜。这样即使低NA下也有可能使图形成像。图3-15表示了倾斜入射照明的影响效果。

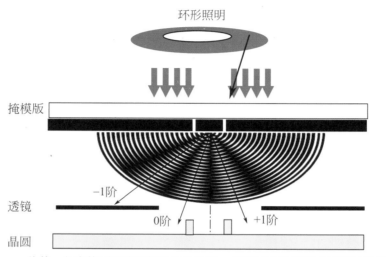

从某一角度的照明使衍射光发生倾斜，使0阶和1阶衍射光可通过透镜

图3-15 倾斜入射照明的影响

3.2.3.3 相位偏移曝光法

图3-16显示了相位偏移的效果。移位器被放置在掩模版上狭缝的一侧，以将光的相位转180°。这样0阶光消失，衍射角减半，高阶衍射光就被允许通过透镜[6]。

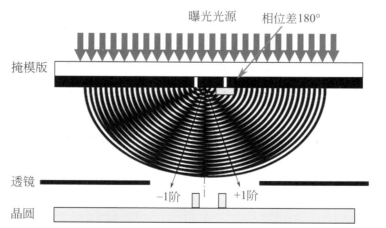

右侧狭缝的相位移动$\pi/2$，0阶光消失，衍射角减少一半，±1阶衍射光通过透镜

图3-16 相位偏移曝光法

3.3 光刻胶的感光原理和 ABC 参数

与光刻胶的感光度有关的参数 A、B 和 C，是进行光刻模拟的基本输入参数[7]，同时也是光刻胶质量管理上重要的指标性参数。A 和 B 是光刻胶对光的吸收程度，C 是光反应速率，可以通过跟踪透光率随时间变化来确定。因为没有基于 Dill 模型的常规测量仪器，确定参数 A、B 和 C 的透光率测量通常使用分光光度计。因此，通常情况下 A、B、C 参数都是通过分光光度计测量的。为此，日本 LTJ 公司开发了一种基于 Dill 模型测量 A、B 和 C 参数的设备。

测量设备由包括光源单元的测量仪器，以及控制部分和分析数据的电脑三部分构成。图 3-17 是设备的示意图。来自高压汞灯的光线经反光镜聚集，并通过一个聚光透镜（ϕ6mm）进一步聚焦。然后用滤光片将光谱变窄，并照射到样品上。窄带滤光片由耐高温诱电体薄膜制成，波长分别为 248nm（半宽 11nm）、365nm（半宽 4nm）和 436nm（半宽 4nm）。在样品表面的光照强度，248nm 约为 5mW/cm^2、365nm 为 4mW/cm^2、436nm 为 6mW/cm^2。透过样品的光线被光电晶体管转化为电信号，由 A/D 转换器进行数字化处理并输入电脑。光电晶体管的输出通过一个转换公式转换成光强度，这个公式之前已经被实测和校正过。

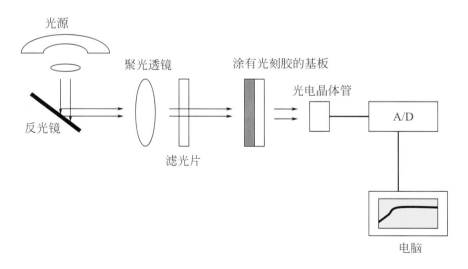

图3-17 A、B、C 分析设备示意图

传统的正性光刻胶（用于 g 线和 i 线）由三个主要部分组成。它们是酚醛树脂、感光剂和有机溶剂。感光剂是重氮萘醌（DNQ），在短波长可见光或紫外光的照射下，它经历了光化学反应，主体结构变成茚，然后在空气、H_2O 存在下变成茚羧酸。该反应如图 3-18 所示。随着重氮萘醌的分解，光刻胶的透光率会增加（因为它逐渐变得透明，所以也称为漂白），一旦所有重氮萘醌都分解了，透光率就不会再增加，即使暴露在光线下也是如此。这种状态被称为"漂清"。图 3-19 显示了透光率和曝光量之间的关系。

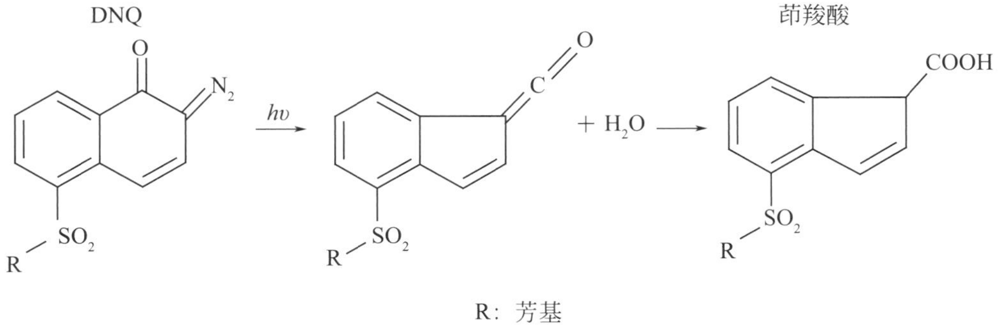

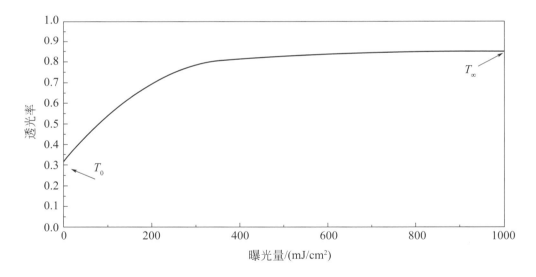

图3-18　酚醛树脂正性光刻胶的光化学反应（感光材料的光解）

图3-19　透光率和曝光量之间的关系

如果初始透光率 T_0 是曝光量尽可能接近零时的透光率，T_∞ 是漂清时的透光率，d 是光刻胶的初始厚度，那么感光参数 A、B、C 和透光率的关系如下：

$$A = \frac{1}{d}\ln\left(\frac{T_\infty}{T_0}\right) \tag{3-5}$$

$$B = -\frac{1}{d}\ln(T_\infty) \qquad (3\text{-}6)$$

$$C = \frac{A+B}{AI_0 T_0(1-T_0)} \times \frac{\mathrm{d}T_0}{\mathrm{d}t} \qquad (3\text{-}7)$$

式中，I_0是光刻胶表面的光强度；$\mathrm{d}T_0/\mathrm{d}t$是$t=0$时切线的斜率。

定性地讲，A可以解释为感光剂的光吸收，B是树脂的光吸收，C是感光剂的分解速度（光刻胶的光学感度）。通过将式（3-5）到式（3-7）应用于照射时间和透光率的测量结果，可以确定A、B和C。但是，实测值经常有很多误差，特别是求取$\mathrm{d}T_0/\mathrm{d}t$时误差会更大。因此，一旦确定了$A$、$B$和$C$值，就可用代表光刻胶漂白过程的下列同步微分方程式（3-8）和式（3-9）模拟再现测量值，从而对A、B和C参数进行优化。根据Dill等人的方法，采用了一个程序进行最优化拟合。图3-20为曝光时间与透光率数据测量实例。

$$\frac{\partial I(z,t)}{\partial t} = -I(z,t)[AM(z,t)+B] \qquad (3\text{-}8)$$

$$\frac{\partial I(z,t)}{\partial t} = -I(z,t)M(z,t)C \qquad (3\text{-}9)$$

式中，$I(z, t)$是与时间t和深度z相关的光强度；$M(z, t)$是与时间t和深度z相关的归一化感光剂浓度。

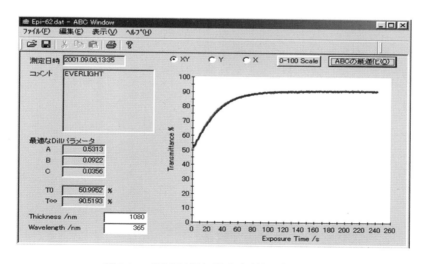

图3-20 曝光时间与透光率数据测量实例

正性光刻胶的曝光会导致感光剂的分解，使其溶于碱性显影剂。另一方面，未曝光的区域不与碱性显影剂反应，这种显影差别使得形成精细的图形成为了可能。

参考文献

[1] 楢岡清威, マイクロリソグラフィーの歴史, p.26(1996).

[2] ニコン社のHPより. http://www.ave.nikon.co.jp/pec_j/products/nsv_s310f.htm.

[3] 楢岡清威, マイクロリソグラフィーの歴史, p.34(1996).

[4] 橋本英樹. http://www15.plala.or.jp/hidekih/kinzoku/kaisetsu/siol.htm.

[5] 東木達彦, 光リソグラフィ技術, EDリサーチ, p.17(2002).

[6] 東木達彦, 光リソグラフィ技術, EDリサーチ, p.20(2002).

[7] F. H. Dill, W. P. Hornberger, P. S. Hauge, and J. M. Shaw: "Characterization of Positive Photoresist", *IEEE Trans. Electron Dev.*, **Vol. ED-22**, No. 7, pp.445-452(1975).

第4章 曝光后烘烤（PEB）和显影技术

4.1 曝光后烘烤概述

曝光后烘烤（post exposure bake，PEB）的作用：对酚醛树脂系光刻胶，PEB可以扩散感光剂以消除驻波效应；而对化学增幅型光刻胶，可以促进保护基团的脱除反应。经过PEB，由于光刻胶膜变薄以及曝光引起的折射率变化，会导致光刻胶曝光区域的颜色发生变化。图4-1显示了PEB后样品的照片，随着曝光量的变化可观察到潜像。PEB具有扩散感光剂和降低光刻胶膜中驻波效应的作用。但温度过高，则会引起感光剂的热分解。因此，存在着最佳PEB温度。

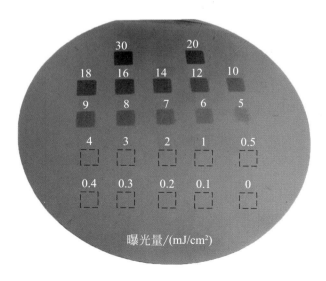

图4-1 PEB后样品的照片

随着步进曝光机的出现，曝光都采用单色光。因此，入射到光刻胶上的光和从基板反射的光相互干涉，在光刻胶膜中观察到驻波。当正性光刻胶显影时，在图形的侧壁上就会出现波浪状的图形。这是因为根据驻波光的强度在深度方向上形成具有不同曝光量的条纹图形。其间隔对应于 $\lambda/(2n)$（λ 是曝光波长，n 是光刻胶折射率）。

通过曝光后烘烤（PEB），可以使感光剂在薄膜中向深度方向扩散，以消除驻波效应。图 4-2 和图 4-3 显示了 PEB 温度下光刻胶膜驻波效应和 PEB 对驻波消除的效果。当 PEB 的温度不同时，感光剂的扩散距离不同，消除驻波的效果也不同。因此，PEB 存在一个最佳温度。

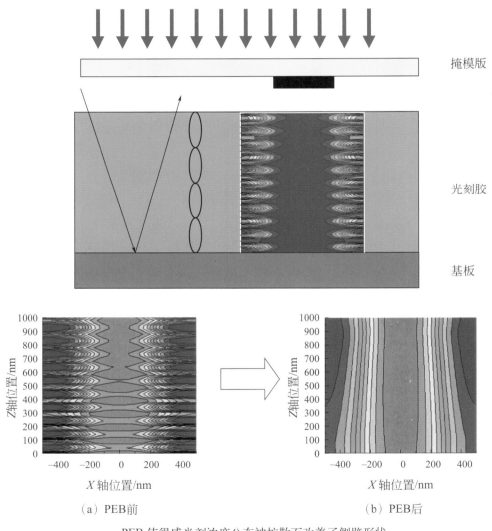

（a）PEB前 　　　　　　　　　　　　　（b）PEB后

PEB 使得感光剂浓度分布被扩散而改善了侧壁形状

图 4-2　光刻胶膜驻波效应和 PEB 对驻波消除的效果

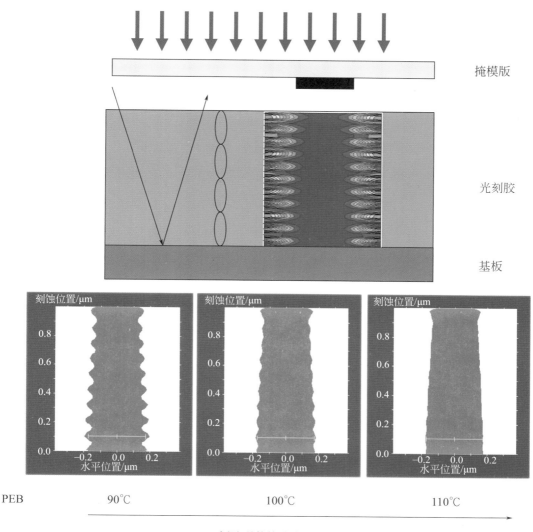

图4-3　不同PEB温度下的光刻胶中驻波消失效应

4.2　PEB中感光剂的热分解

使用FT-IR（傅里叶变换红外光谱分析仪），可以观察到感光剂在PEB中的分解。图4-4显示了在Si基板上使用重氮萘醌作为感光剂的酚醛树脂光刻胶的FT-IR光谱图。来自感光剂的N═N偶氮键的吸收峰出现在2115cm^{-1}处。因此，通过检测2115cm^{-1}处吸收峰的变化就可以测量感光剂的分解程度。

图4-4显示了将酚醛树脂光刻胶涂覆在Si基板、预烘烤后，进行未曝光、曝光至感

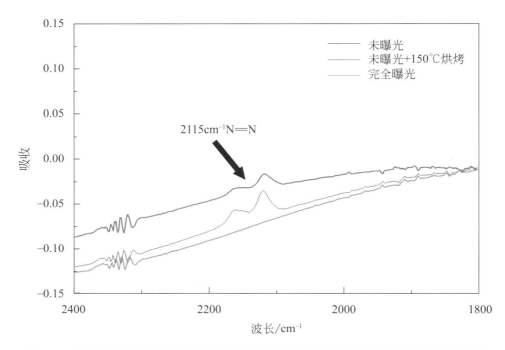

图4-4　在Si基板上使用萘醌二叠氮化物作为感光剂的酚醛树脂光刻胶的FT-IR光谱图

光剂完全分解、在150℃加热1min而不曝光三种情况下的FT-IR光谱。在2115cm^{-1}处检测到双峰出现。感光剂完全分解的样品，该峰不会出现。由此可知，该峰来源于感光剂。未曝光但在150℃烘烤1min时，峰高略有下降。所以，即使未曝光感光剂也会因加热而发生热分解。如果PEB温度太高，未曝光区域的感光剂也会分解，那就无法获得光刻胶所需的对比度。

4.3　PEB法测定感光剂扩散长度

驻波效应是使用单一波长曝光的缩小投影光刻工艺中的一个问题。这种效应造成的最大问题是当光刻胶的膜厚波动时，膜吸收光的能量亦波动，导致显影后光刻胶图形尺寸有大的波动[1]。为了抑制这种尺寸波动并进一步提高分辨率，可以通过PEB使感光剂在光刻胶膜中扩散，这样感光剂深度方向的显影速度分布更平滑[2]。图4-5显示了g线光刻胶OFPR-800（由TOK制造）和i线光刻胶PFR-IX500EL（由JSR制造）深度方向上显影速度分布的比较。OFPR-800通常是不需要PEB的光刻胶，可以看出存在显影速度在光刻胶深度方向周期性变化的现象（驻波效应）。但是，PFR-IX500EL是必需经过PEB工艺的光刻胶。通过PEB处理，它的驻波效应显著降低。

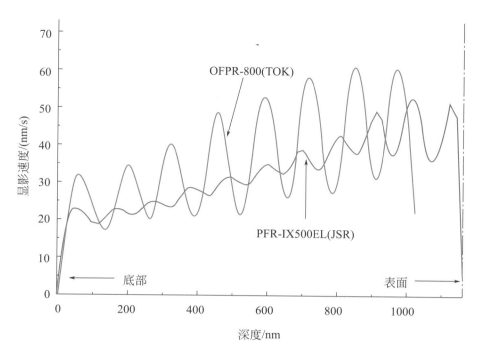

图4-5　g线光刻胶（OFPR-800）和i线光刻胶（PFR-IX500EL）深度方向显影速度分布的比较

在光刻模拟中，这种PEB效应可由扩散模型解释。然而，感光剂的扩散长度σ很难直接确定，通常将模拟形状与实测形状最接近的值视为扩散长度。迄今为止，测量感光剂在PEB中的扩散长度，将其输入模拟软件，进行曝光形状模拟，并与SEM观察结果进行比较的研究几乎不存在。鉴于这项工作的重要性，我们开发了一个系统，使用光刻胶显影速度测量装置（RDA）计算光刻胶感光剂的扩散长度。以此计算出高分辨率i线光刻胶在不同PEB温度下感光剂的扩散长度，并将得到的计算结果输入模拟软件PROLITH/2[3,4]中，模拟得到曝光形状，并与测量结果比较[5]。

4.3.1　通过测量显影速度计算感光剂的扩散长度

扩散长度计算方法的操作流程如图4-6所示。首先，测量光刻胶深度方向的显影速度分布。测量时使用了光刻胶显影速度测量装置（见第6.1.2节显影分析工具），对几种不同曝光量下曝光的样品进行烘烤，并测量光刻胶在深度方向的显影速率分布。将显影速度R相对于深度d的数据$R（d）$存储在硬盘（HD）中。用扩散长度计算软件DLC（diffusion length calculator）读取显影速度测量装置的数据库，计算出扩散长度。

使用Mack显影速度方程式将PEB处理后样品的深度方向的显影速度分布数据转换为感光剂浓度分布（观察数据）。Mack显影速度方程，可以使用光刻胶显影参数测量系统提前求得[6]。另外，可以计算出光刻胶深度方向的感光剂浓度分布。计算时需要光刻胶的感光参数A、B、C，也就需要使用前面阐述的光刻胶感光参数测量仪（见第3.3节感光参数测量）测量感光参数[7]。并进一步计算出PEB的影响效果。即扩散长度的改变带来的感光剂浓度在深度方向上变化。利用实测的显影速度，通过Mack显影速度公式求得感光剂浓度分布，并与计算出的感光剂浓度分布进行比较，计算出同一深度处的感光剂浓度差（均方差）。均方差总和的最小值用于推算扩散长度。

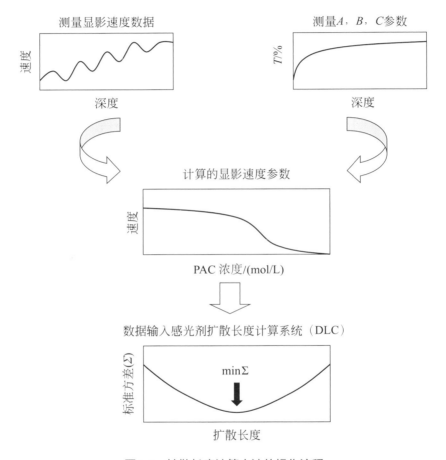

图4-6 扩散长度计算方法的操作流程

详细的计算方法如下。可以测量在特定曝光量下进行PEB的光刻胶膜中任意深度处的显影速度分布$R(d)$（图4-7）。与此对应的是，没有任何方法可测量在一定的曝光量下经PEB处理的光刻胶膜中任意深度d处的感光剂浓度分布$M(d)$，只能通过计算得到。因此，将测得的数据代入Mack显影速率方程可计算出光刻胶膜中任意深度d处的感光剂浓度$M_{ov}(d)$。即将光刻胶深度方向的显影速度分布，使用Mack显影速度公式的逆展开式$M=f(R)$，转换为PEB后的感光剂浓度分布$M_{ov}(d)$（图4-8）。

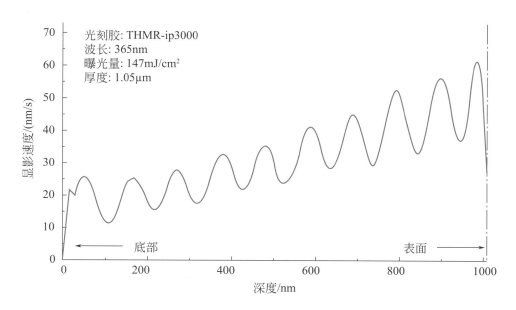

图4-7　深度方向显影速度分布（实测值）

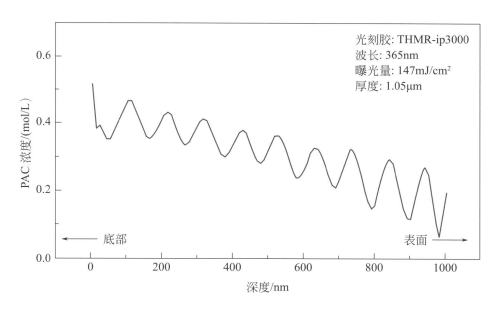

图4-8　从实测显影速度计算的深度方向归一化的感光剂浓度分布

再从另一方面来计算深度方向上的感光剂浓度分布 $M_{sm}(d)$（PEB之前）。假设，光以单色平面波入射到边界平坦的多种材料制成的多层膜上，根据Dill等的模型可以确定任意时刻感光剂浓度 M 在深度方向的分布。如前所述，深度 j 层中的复折射率是感光参数 A 和 B 以及感光剂浓度 M 的函数。感光剂由于光反应而分解，其浓度 M 随时间t变化。此外，由于PEB的作用，受感光剂的热扩散支配，因此在感光剂深度方向引入一维扩散模型[8]，可以求得光刻胶深度方向上的感光剂浓度分布M_{sm}（d）（PEB后）（图4-9）。

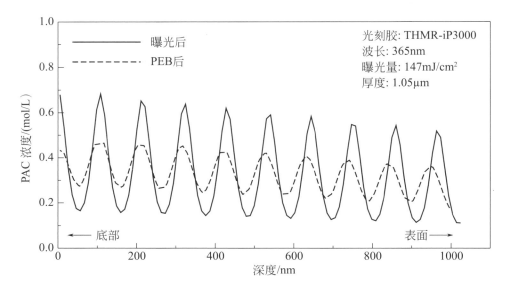

图4-9　感光剂浓度在深度方向的扩散分布

在计算中，改变扩散长度得到M_{sm}（d）（PEB后），并与上述测得的深度方向感光剂浓度分布M_{ov}（d）进行比较（图4-10）。计算这两个感光剂浓度分布之间的浓度差（均方差）M_{ov}和M_{sm}，并将均方差总和最小的值用于计算感光剂的扩散长度（图4-11）。

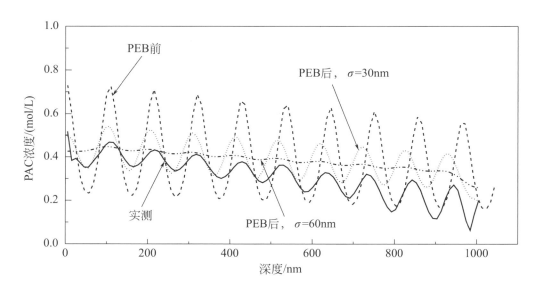

图4-10　在深度方向测量和计算的感光剂浓度分布对比（图中σ为PAC的扩散长度）

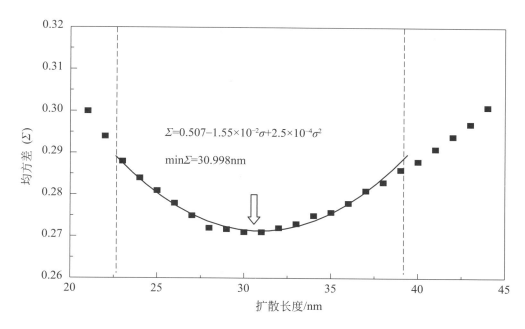

$$\Sigma=0.507-1.55\times10^{-2}\sigma+2.5\times10^{-4}\sigma^2$$

$$\min\Sigma=30.998nm$$

图4-11　均方差和扩散长度（PAC的扩散长度）

图4-11所示的公式$\Sigma=0.507-1.55\times10^{-2}\sigma+2.5\times10^{-4}\sigma^2$就是均方差与扩散长度关系的拟合结果。在这个方程中得出最小均方差对应的扩散长度是30.998nm。

不同曝光量下在深度方向上的显影速度测试条件如下。将i线感光剂THMR-ip3000（TOK制造）涂覆到硅晶圆上，厚度为1.05μm。预烘烤设置为80℃，90s，PEB设置为90℃、100℃、110℃和120℃，90s。曝光装置的曝光波长为365nm，NA为0.50，照明系统的相干因子为0.60。曝光量为50～800mJ/cm²。显影液使用TMAH（2.38%）水溶液（23℃），显影方式为浸渍法。

4.3.2　结果及分析

4.3.2.1　扩散长度的计算

图4-12为扩散长度与标准化曝光量之间的关系。标准曝光量用E_{dose}/E_{th}表示，其中E_{dose}是曝光量，E_{th}是显影时间60s光刻胶消失时的曝光量。虽然不同PEB温度下存在着细微差异，但扩散长度从E_{dose}/E_{th}=0.5～0.7时逐渐上升（图4-12，阴影线的左侧部分），并且在E_{dose}/E_{th}=0.7～0.8及更高时扩散长度变得几乎恒定。由此可知，E_{dose}/E_{th}在0.5～0.7范围内，扩散长度与曝光量相关。在通常的图形化工艺中，使用E_{dose}/E_{th}为1.0以上的曝光量。因此，我们也使用E_{dose}/E_{th}=1.0时的扩散长度来进行模拟，这可使曝光影响的扩散长度恒定。表4-1显示了不同PEB温度下估算的扩散长度和扩散系数。

图4-13显示了PEB温度与扩散长度的关系。

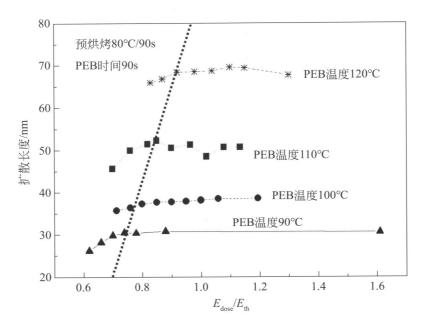

图4-12　扩散长度与标准化曝光量（E_{dose}/E_{th}）之间的关系

表4-1　不同PEB温度下估算的扩散长度和扩散系数

预烘烤温度80℃，预烘烤时间90s，PEB时间90s		
PEB温度/℃	扩散长度/nm	扩散系数/（nm²/s）
90	30	4.93
100	38	7.85
110	50	13.72
120	69	26.20
预烘烤温度90℃，预烘烤时间90s，PEB时间90s		
PEB温度/℃	扩散长度/nm	扩散系数/（nm²/s）
100	33	5.94
110	39	8.49
120	54	16.80

　　在预烘烤温度80℃和PEB温度100℃下的扩散长度为38nm。预烘烤90℃和PEB 100℃下的扩散长度为33nm，PEB温度为110℃，得到39nm的扩散长度。随着预烘烤温度的升高，蒸发的溶剂量增加，残留溶剂减少。因此，可以认为在相同的PEB温度下，预烘烤温度越高，薄膜越致密，所以扩散长度越短。

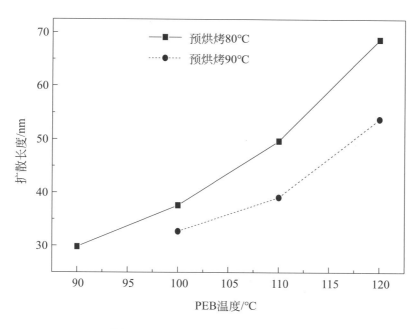

图4-13　PEB温度与扩散长度的关系

4.3.2.2　不同PEB温度下图形模拟结果与SEM观察结果比较

借助之前获得的每个PEB温度下的扩散长度的推算值，用图形模拟软件PROLITH/2确定0.4μm线和空间图形中的最佳焦点以及−0.6μm和+0.4μm离焦处显影后图形的模拟图形。这里，正的离焦值表示焦点在透镜和光刻胶表面彼此靠近，负的离焦值表示焦点在相反的方向移动。研究中使用的光刻胶THMR-iP3000的A、B、C参数和显影参数实测值如下所示。

<A、B、C参数>　　　　　<Mack显影参数>

$A=0.5584\mu m^{-1}$　　　　　　$R_{max}=65.5nm/s$

$B=0.1638\mu m^{-1}$　　　　　　$R_{min}=0.02557nm/s$

$C=0.00850cm^2/mJ$　　　　　$n=5.0$

　　　　　　　　　　　　　　$M_{th}=0.30$

光刻胶在i线波长处的折射率设置为$n_i=1.70$。

图4-14显示了模拟结果与SEM观察结果之间的比较。在90℃的PEB条件下，SEM结果显示图形侧壁有驻波效应；在+0.4mm离焦处，显影未到达基板且图形未充分曝光。在模拟结果中也观察到强驻波效应。另外，虽然在−0.6mm离焦处图形可清晰分辨，但靠近基板处有包边现象。在100℃的PEB条件下，SEM观察结果显示图形侧壁

的驻波减少。在110℃的PEB条件下，图形侧壁的驻波几乎消失。在模拟结果中也有类似的现象。

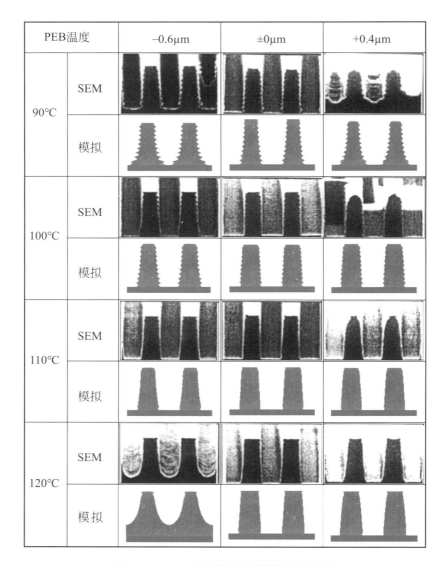

图4-14　SEM观察结果与模拟结果的比较

在120℃的PEB条件下，图形侧壁的驻波完全消失。然而，在-0.6μm离焦处，在基板附近没有充分显影，并且图形没有得到解像。从模拟结果同样可以看出，图形也没有被解像。对比SEM观察和模拟结果，可以发现虽然图形轮廓并不完全一致，但图形侧壁上的驻波产生的条件非常吻合。

模拟结果和SEM观察结果之间形状的一致程度可通过测量图形的矩形度来比较。测量图形矩形度的方法如下。

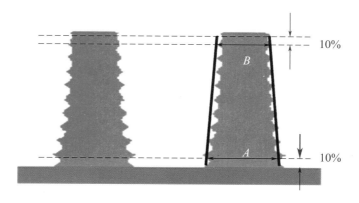

内的标注：10%（上两处）、10%（下两处）、B、A

图4-15　图形矩形度的测量

（1）固定图形形状

首先，将图形近似为梯形以测量图形的矩形度。从基板开始舍去10%以下和90%以上部分，以免受到图形包边和T形顶的影响。通过专用软件测量夹在这两条线之间的图形侧壁的位置坐标。图形侧壁线使用最小二乘法由直线线性逼近，形成如图4-15所示的梯形。SEM观察结果是用扫描仪扫描SEM照片，对图形的侧壁线进行数值化而获得的。

（2）图形矩形度的计算方法

假设图4-15所示梯形的底边长度为A（nm），顶部长度为B（nm），则图形的矩形度由式（4-1）表示。

$$R_{\text{ect}} = 100 - \left(\frac{A-B}{A+B}\right) \times 100 \qquad (4\text{-}1)$$

式中，R_{ect}为图形的矩形度（当$R_{\text{ect}}=100$时，表示图形形状为矩形；当$R_{\text{ect}}=0$时，表示图形形状为三角形）；A为由图形侧壁近似线与距基板10%交点组成的梯形结构的底边长度，nm；B为由图形侧壁近似线与距基板90%交点组成的梯形结构的顶部长度，nm。

该方法是参考光强对比度评价方法[9]设计的。光强的对比度由式（4-2）得出。

$$C = \frac{I_{\max} - I_{\min}}{I_{\max} + I_{\min}} \qquad (4\text{-}2)$$

式中，$I_{\max}$和$I_{\min}$是掩模版图形的明暗区域中心部分的强度。这种方法便于简单地表达图形的对比度。除此之外，还有一种方法已被报道[10]，从SEM观察结果中检测边缘，将其叠加在模拟结果上，计算每条线的偏差给定区域的面积，并量化模拟与SEM之间的偏差观察结果（CCSE方法：横截面关键形状偏差方法）[10]。这种方法虽然可以量化细微的形状偏差，但是高精度的边缘数据提取非常困难。

该方法得到的不同PEB温度和离焦值组合的图形矩形度如表4-2所示（图4-14）。从表4-2中可以看出，在离焦−0.6μm处，图形矩形度随着PEB温度的升高而改善。但是，在120℃时下降。可以看出，在最佳离焦处，图形矩形度整体得到改善。在离焦+0.4μm处，发现PEB温度为90～110℃时矩形度会降低。

表4-2　不同PEB温度和离焦值组合的图形矩形度

PEB温度		−0.6μm	0μm	+0.4μm
90℃	SEM	79.3	84.1	—
	模拟	76.9	84.0	60.0
100℃	SEM	80.3	94.7	89.7
	模拟	76.7	93.2	90.8
110℃	SEM	87.2	92.9	68.0
	模拟	86.2	88.2	90.6
120℃	SEM	60.7	90.9	84.0
	模拟	58.6	87.3	86.1

表4-3以SEM观察结果为基准，比较了模拟结果的图形矩形度偏差。如果比较结果为1，则表示SEM观察结果与模拟结果的图形矩形度相同。当该值小于1时，表明模拟结果具有比SEM观察结果更小的图形矩形度（呈锥形）。数值等于及大于1的情况相反。在离焦−0.6μm处，90～120℃温度范围内偏差约0.95～0.99，表明模拟结果与SEM观察结果相比具有轻微的锥度。

表4-3　基于SEM观察结果的模拟结果图形矩形度偏差

PEB温度	−0.6μm	0μm	+0.4μm
90℃	0.970	0.964	—
100℃	0.955	0.984	1.012
110℃	0.989	0.949	1.332
120℃	0.965	0.960	1.025

在最佳离焦处，此值显示约0.96～1.00，并且可以看出模拟结果与负离焦情况下相同，与SEM观察结果相比具有轻微的锥度。但是，无论PEB温度如何，该值也基本是不变的。SEM观察结果和模拟结果是一致的。在+0.4μm离焦时，90℃下SEM观察结果中没有得出图形，无法获得比较值。而当PEB温度为100～120℃时，数值显示为1甚至更大，表示SEM的观察结果与模拟结果相比锥度更大，并且与负离焦条件和最佳离焦条件相比，锥形大得多。正离焦模拟结果与SEM观察结果的形状不完全匹配

被认为是镜片的像差导致的（例如在PEB 110℃，+0.4μm离焦下SEM观察到图形的不对称，是步进曝光机透镜中可能存在的彗差）。但是，总体上SEM观察结果与模拟结果吻合得良好，确认了该方法是有效的。因此，可以说PEB带来的主要作用是对感光剂或其光降解产物的热扩散。

4.3.3　小结

构建了感光剂在PEB过程中的扩散长度计算系统，并求出最新的i线光刻胶在不同PEB温度下感光剂的扩散长度。根据获得的扩散长度值使用形状模拟软件PROLITH/2进行图形计算，可以很好地再现图形侧壁上驻波的产生。这证明该方法是有效的，并且确认PEB的影响主要是感光剂或其光降解产物的热扩散引起的。

4.4　表面难溶性参数的计算及评测

4.4.1　引言

为了改善光刻胶的形状和提高工艺窗口，在光刻胶表面形成难溶层的光刻工艺受到广泛关注[11,12]。在光刻胶非常薄的表层区域通常很难准确测量显影速度，因此，我们改进了在第6章会详细介绍的显影速度测量装置，建立了一种精确测量光刻胶膜表层显影速度的方法。同时，介绍了如何用Mack方程估算表面难溶性参数的方法[13]。

4.4.2　显影速度测量装置的高精度化

显影速度是如何测量的？一般采用单色光照射显影剂中的光刻胶来测量光刻胶的显影速度。为进一步提高测量精度，采用了多通道测量方法。Xe-Hg灯发出的多波长光通过黄色滤光片，过滤掉UV光，然后照射到显影中的晶圆上。反射光通过CCD分光镜，测量不同波长下的反射强度。获得的反射强度数据由PC通过A/D转换器进行分析。实测得到在632nm、740nm和840nm处的反射强度随显影时间的变化，如图4-16（a）所示。然后，计算反射强度和膜厚之间的关系，如图4-16（b）所示。反射强度和膜厚之间的关系是根据第6章中描述的多层薄膜反射率公式计算出来的。接下来，根据实测得到的反射强度与时间，制作反射强度（RI）与时间（t）的（RI，t）数据表。更进一步，通过计算创建反射强度（RI）和膜厚（T）的（RI，T）数据表。通过比较这两个数据，可以创建 t 时刻膜厚（T）的（T，t）数据表。通过取差值来计算显影速度。通过对三种波长进行计算并在每个深度位置取其算术平均值，获得光刻胶的显影速度。图4-17显示了表面层100nm处各波长的显影速度分布。光接收器接收的波长多少会出现一些偏差。这种偏差是由于光刻胶溶解在显影剂中形成的溶解产物吸收测量波长的光，从而导致反射强度的振幅衰减。这种衰减是光刻胶显影速度差异导致的。

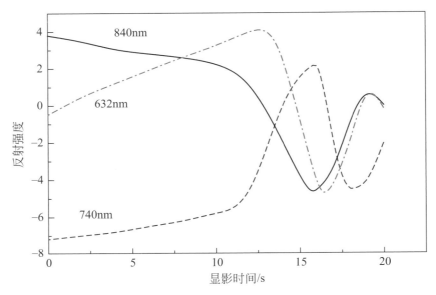

(a) 不同波长下反射强度与显影时间的关系

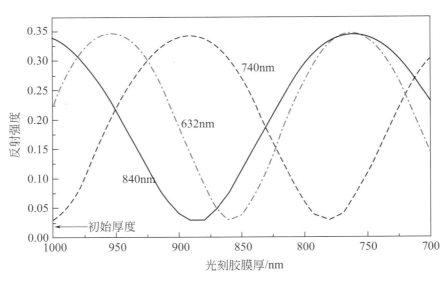

(b) 不同波长下反射强度与光刻胶膜厚的关系

图4-16　反射强度与显影时间的关系以及反射强度与膜厚的关系

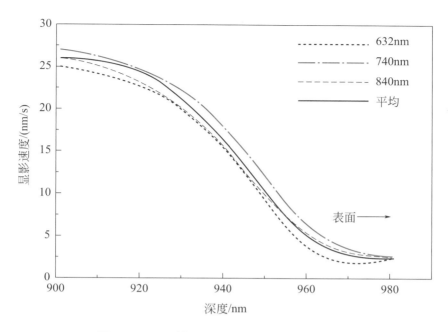

图4-17　不同波长下光刻胶表面层显影速度分布

4.4.3　表面难溶性参数的计算

如上所述方法可以精确地测量光刻胶表面层部分的显影速度。表面难溶化效应是光刻胶表面显影速度降低的表现。i线光刻胶利用这种效果，特别是在离焦时改善曝光形状。Mack通过式（4-3）描述了表面难溶化效应[14]。

$$R(d) = R_{B} \left[1 - (1 - R_{0}) e^{\left(\frac{d}{\delta}\right)} \right] \qquad (4\text{-}3)$$

式中，R_{B} 为体相区域的显影速度，nm/s；R_{0} 为光刻胶表面显影速度与 R_{B} 之比的最小值；δ 为表面难溶层深度，nm；d 为光刻胶深度位置。

通过测量深度方向显影速度可确定表面难溶性参数 R_{0} 和表面难溶层深度 δ。首先，计算出PEB之后在光刻胶深度位置感光剂浓度分布。然后，通过先前获得的Mack显影速度方程将该数据转换为显影速度分布。再实测样品深度位置的显影速度分布，并与计算数据进行比较，取这两个显影速度之差，将其为0时的深度位置定义为显影从体相区向表面区转变的深度位置，即转变点（图4-18）。计算深度位置的显影速度与实测显影速度的比值（图4-19），求出光刻胶表面层显影速度与 R_{B} 之比的最小值 R_{0}，将式（4-3）与实测深度方向显影速度数据拟合得出 δ（图4-19）。

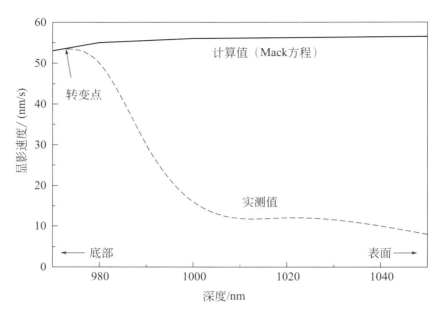

图4-18　光刻胶膜表面区域显影速度测量值与显影速率方程计算值的偏差

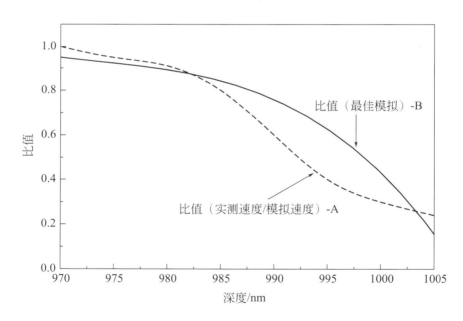

图4-19　实测显影速度与计算的显影速度之比以及拟合结果

4.4.4　表面难溶性参数的测量

i线光刻胶THMR-iP3000涂覆在硅基板，厚度为1.05μm。在80℃下预烘烤90s，分别在90℃、100℃、110℃和120℃下进行PEB，时间90s。曝光波长为365nm，NA为0.50，相干因子σ为0.60。使用NMD-W（TMAH 2.38%，23℃）浸渍法进行显影。

图4-20和表4-4显示了不同PEB温度下的表面难溶性参数R_0和深度δ。随着PEB温度的升高，光刻胶表层显影速度相对于体相显影速度的相对值R_0减小，表明随着PEB温度升高，表面难溶效应更明显。实际上，无论PEB温度如何变化，表面难溶层的深度δ都变化不大。因此，将得到的参数输入PROLITH/2，计算0.4μm线和空间图形在+0.4μm离焦处的光刻胶曝光形状，并与SEM观察结果进行比较，如图4-21所示。当PEB温度升高时，图形顶部的形状由圆形变为矩形。这种情况在模拟中也得到了验证。

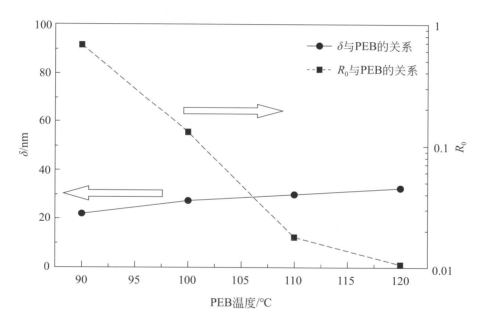

图4-20　δ和R_0与PEB温度的关系

表4-4　不同PEB温度下的表面难溶性参数

PEB温度/℃	δ/nm	R_0
90	22.0	0.682
100	27.5	0.128
110	30.1	0.0178
120	32.6	0.0106

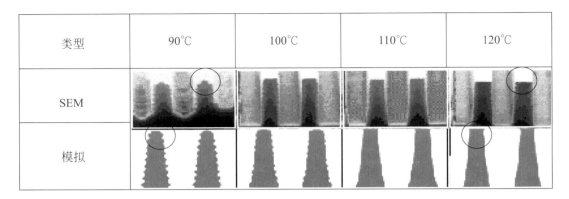

类型	90℃	100℃	110℃	120℃
SEM				
模拟				

图4-21　不同PEB温度下在离焦+0.4μm处SEM观察结果与模拟结果的比较

在+0.4μm离焦时，100℃和110℃下获得了最矩形的形状。由此，发现表面难溶化效果存在最佳值。本研究的结果中R_0=0.01～0.02。

4.4.5　小结

基于光刻胶显影速度测量装置建立了表面难溶性参数的测量系统，并求得了不同PEB温度下i线光刻胶的表面难溶性参数。将得到的参数输入到形状模拟软件PROLITH/2中进行模拟。将模拟结果与SEM观察结果进行比较，确认了表面难溶性能有效地改善离焦时的光刻胶形状。另外，这种方法也可以计算感光剂的扩散长度。

4.5　显影技术

酚醛树脂等光刻胶，在曝光和PEB之后，进行碱性显影来形成图形。在未曝光区域，由于感光剂的疏水作用，树脂不溶于碱性显影剂。曝光区域经过曝光感光剂分解，树脂变为亲水性，可溶解于碱性显影剂。通过未曝光区域不可溶解而曝光区域可溶解的溶解对比度得到的显影对比度，进行图形转移[14-19]。根据不同用途，有各种碱性显影设备。下面简述各显影方法及设备。

4.5.1　浸渍显影

浸渍显影装置是将曝光后的基板插入显影槽中进行显影的装置。显影时间由基板被拉起的时间控制。图4-22显示了浸渍显影装置及特征。

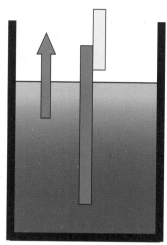

浸渍显影法特征

简单便宜的设备	
可以批量处理	
尺寸稳定性：	×
缺陷：	○

图4-22　浸渍显影装置及特征

○—好；×—不好

　　浸渍显影装置结构简单，价格低廉，可以进行批量生产。但是，由于显影液的变质，批次之间的稳定性存在问题。

4.5.2　喷雾显影

　　喷雾显影是一边旋转基板，一边从喷嘴喷射显影液进行显影的方法。图4-23显示了喷雾显影装置及特征。由于每次都提供新的显影液，所以工艺干净，但显影液用量大，存在成本问题。

4.5.3　旋覆浸润显影

　　旋覆浸润显影是在旋转基板的同时将显影剂放到基板上，然后显影剂以弯月面形状保持在基板上进行显影的方法。因为它使用的显影液量少，过程干净，是目前使用最广泛的显影方法。它的问题是当显影剂放到基板上时会出现由于微泡造成的微小缺陷。图4-24为旋覆浸润显影方法及特征。

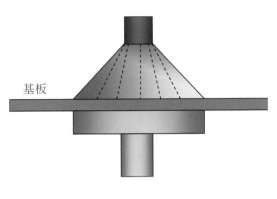

喷雾显影法特征

过程干净

每次用新显影液

设备复杂、昂贵：   ×

显影液用量：   ×

图4-23 喷雾显影装置及特征

×—不好

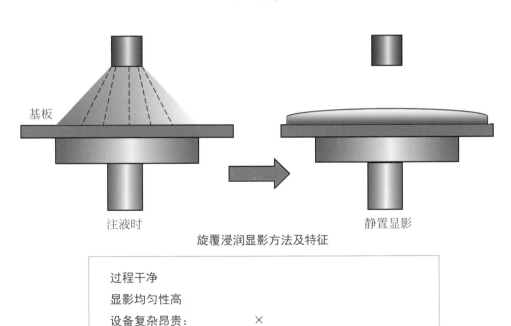

旋覆浸润显影方法及特征

过程干净

显影均匀性高

设备复杂昂贵：   ×

微缺陷产生（微气泡）： ×

图4-24 旋覆浸润显影方法及特征

×—不好

4.5.4　缓供液旋覆浸润显影

旋覆显影供应显影液时，可能会含有细小的气泡。由于微气泡会引起显影的微缺陷，因此，需要一种向晶圆上供给显影液时尽可能不产生微气泡的供液方法。缓供液喷嘴就是为满足这样的需求而开发的。喷嘴具有将显影液供到基板上且从喷嘴流出时尽可能地抑制微气泡产生的结构。图4-25显示了缓供液旋覆浸润显影方法及特征，在超精密显影装置中普遍使用这种缓供液喷嘴。

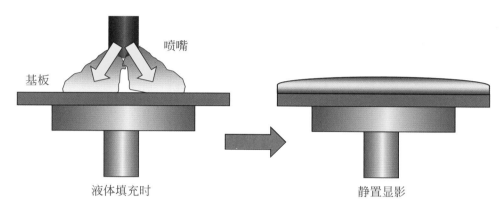

缓供液旋覆浸润显影法特征

过程干净	
极高的显影均匀性	
设备复杂昂贵：	×
无微缺陷（微气泡）：	○

图4-25　带缓供液喷嘴的旋覆浸润显影方法及特征

○—好；×—不好

图4-26为缓供液喷嘴的显影装置（由LTJ制造），图4-27显示了其结构。喷嘴的横截面具有用于储存显影液的桶结构。当显影剂从上部供给时，显影剂溢出溢流堰并以帘状从喷嘴流出。晶圆与喷嘴出口之间的距离为1mm以下，晶圆旋转一次，将显影剂涂在晶圆上，就像是薄饼一样。这样就可以在不产生微气泡的情况下提供均匀的显影剂[20]。

图4-28显示了LTJ使用的缓供液喷嘴的外部照片。使用缓供液喷嘴的晶圆表面显影均匀性见图4-29。这是5片8in晶圆的面内尺寸测量结果。测量的图形尺寸是140nm线。结果显示所有测量点均在4nm范围内。同时，不存在因微泡引起的显影缺陷[21]。

自动显影装置

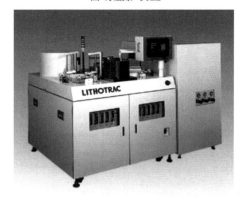

显影装置LWRD-1008

图4-26　缓供液喷嘴的显影装置（由LTJ制造）

供应显影液方法

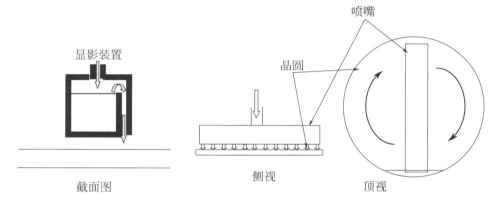

截面图　　　　　　　侧视　　　　　　顶视

图4-27　缓供液喷嘴结构

温和供料喷嘴和6in晶圆

图4-28　用缓供液喷嘴显影（喷嘴外部照片）

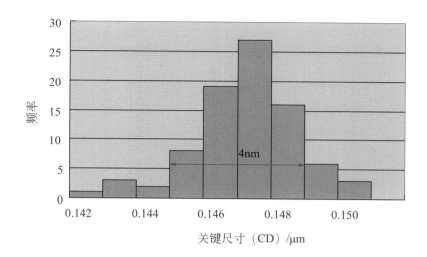

图4-29　使用缓供液喷嘴时晶圆表面的显影均匀性

　　显影工艺是光刻的最终过程，也是所有误差因素累积的过程。可以说光刻工艺的控制就是显影工艺的控制。

参考文献

[1]　T. Batchelder, and J. Piatt: "Bake Effects in Positive Photoresist", Solid State Tech., **Vol. 8**, pp.211-217(1983).

[2]　D. A. Bernard: "Simulation of post-exposure bake effects on photolithographic performance of a resist film", *Philips J. Res.*, NO. 42, pp.566-582(1987).

[3]　C. A. Mack: "PROLITH: a comprehensive ptical lithography model", *Proc. SPIE*, **Vol. 538**, pp.207-220(1985).

[4]　A. Sekiguchi, C. A. Mack, Y. Minami, and T. Matsuzawa: "Resist Metrology for Lithography Simulation, Part 2: Development Parameter Measurements", *Proc. SPIE*, **Vol. 2725**, pp.49-63(1997).

[5]　関口淳, 扇子義久, 松澤敏晴, 南洋一: "P. E. B. プロセスにおけるホトレジストの感光剤の拡散長の推算", 電子情報通信学会論文誌C-2, **Vol. J79-C-Ⅱ**, No. 5, pp.176-182(1996).

[6]　関口淳、松澤敏晴、南洋一: "ホトレジスト現像パラメータ測定システムの開発", 電子情報通信学会論文誌 C-2, **Vol. J 78-C-Ⅱ**, No. 12, pp.554-561(1995).

[7]　関口淳、南洋一、松澤敏晴、竹澤亨、宮川行久: "ホトレジストの感光パラメータ(A, B, C)測定装置の開発", 電子情報通信学会論文誌C-2, **Vol. J77-C-Ⅱ**, No. 12, pp.555-563(1994).

[8]　C. A. Mack著, 松澤敏晴訳: "Inside PROLITH 日本語版", リソテックジャパン発行,

pp.100-103(1997).

[9] L. Mader and C. Friedrich:"High-NA Illumination: A Simulation Study", *Proc. SPIE,* **Vol. 3334**, pp.739-746(1998).

[10] M. E. Mason and R. A. Soper:"Cross-section Critical Shape Error", *Proc. SPIE,* **Vol. 3334**, pp.729-738(1998).

[11] 遠藤政孝、笹子勝:"アルカリ表面処理プロセスの検討", 第35回応用物理学会学術講演会, **Vol. 2**, 28p-H-7, p.509(1988).

[12] 大熊徹、奥田能充、高島幸男:"新高解像度レジストプロセス", *PROCEEDINGS OF THE 39 SYMPOSIUM ON SEMICONDUCTORS AND INTEGRATED CIRCUITS TECHNOLOGY*, **Vol. 39**, pp.38-45(1989).

[13] C. A. Mack:"Development of Photoresist", *J. Electrochem. Soc.,* **Vol. 134**, No. 1, pp.148-152(1987).

[14] V. E. Bottom,"*Introduction to Quartz Crystal Unit Design*", van Nostrand Reinhold, N. Y. (1982).

[15] G. Sauerbrey, Z. f. Phys., 155, 206(1959).

[16] K. S. Van Dyke, Proc. I. R. E., 16, 742(1928).

[17] M. Rodahl and B. Kasemo, Rev. Sci. Instrum, 67, 3238(1996).

[18] S. J. Martin, H. L. Bandey, R. W. Cernosek, A. R. Hillman and M. J. Brown, Anal. Chem. 72, 141(2000).

[19] H. L. Bandey, S. J. Martin, R. W. Cernosek and A. R. Hillman, Anal. Chem., 71, 2205(1999).

[20] A. Sekiguchi, C. A. Mack, Y. Minami and T. Mastuzawa: *Proc. SPIE* 2725, 49(1996).

[21] C. A. Mack, M. J. Maslow, R. Carpio and A. Sekiguchi: *Olin Microelec. Materials Inter Face'97 Proc.* 203(1997).

第5章　g线和i线光刻胶（酚醛树脂光刻胶）评测技术

5.1　酚醛树脂光刻胶概述

5.1.1　简介

　　酚醛树脂光刻胶有近半世纪的历史。30年前随着g线步进曝光机的出现，光刻胶的材料也从环状橡胶（负性）光刻胶转向酚醛树脂光刻胶（正性）。这标志着酚醛树脂光刻胶时代的开始，至今它仍被广泛使用。当然，使用的主要领域已经从半导体光刻胶扩大到LCD光刻胶。表5-1比较了半导体光刻胶和LCD光刻胶的特性。

表5-1　半导体光刻胶和LCD光刻胶的特性

<table>
<tr><td colspan="2" rowspan="2">特点</td><td>用于半导体的光刻胶</td><td>用于LCD的光刻胶</td></tr>
<tr><td>微细化和高分辨率；化学结构受到短波长限制；价格昂贵且使用量小</td><td>多种多样的基材；多种多样的性能要求；大多用于平板基材；通用产品便宜，量大；特殊应用有高的附加值</td></tr>
<tr><td colspan="2">化学结构（成分）</td><td>橡胶基→酚醛树脂+DNQ→PHS→脂环族</td><td>大多是酚醛树脂+DNQ（正性和负性）</td></tr>
<tr><td rowspan="9">性能要求</td><td>感光度</td><td>○</td><td>◎</td></tr>
<tr><td>分辨率</td><td>◎</td><td></td></tr>
<tr><td>耐热性</td><td></td><td>◎</td></tr>
<tr><td>抗蚀性</td><td>◎</td><td></td></tr>
<tr><td>黏结性</td><td>○</td><td>◎</td></tr>
<tr><td>涂覆性</td><td></td><td>◎</td></tr>
<tr><td>剥离性</td><td>○</td><td></td></tr>
<tr><td>无缺陷</td><td>◎</td><td>◎</td></tr>
<tr><td>稳定性</td><td>○</td><td>○</td></tr>
</table>

注：◎—很好；○—好。

在半导体光刻胶中，随着曝光波长的变化，光刻胶树脂从酚醛树脂（用于g线和i线），发展到聚羟基苯乙烯PHS（用于KrF准分子激光器），再到脂环聚合物（用于ArF准分子激光器）。因此，酚醛树脂在半导体领域的使用逐步减少。而LCD光刻胶半数以上是酚醛树脂光刻胶。通用光刻胶价格更便宜，随着LCD基板面积的增加，它们的使用量也呈爆炸性的增长。不同类型的光刻胶要求重点各不相同，半导体光刻胶的关键要求是分辨率、抗蚀性和无缺陷，而LCD光刻胶则更强调感光度、耐热性、附着力、涂覆均匀性（大面积基材上涂层的均匀性）和无缺陷。

5.1.2 高分辨率要求

图5-1显示了酚醛树脂光刻胶的图形形成机理。酚醛树脂光刻胶由酚醛树脂、感光材料（DNQ）和溶剂（乳酸乙酯或PGMEA）组成。

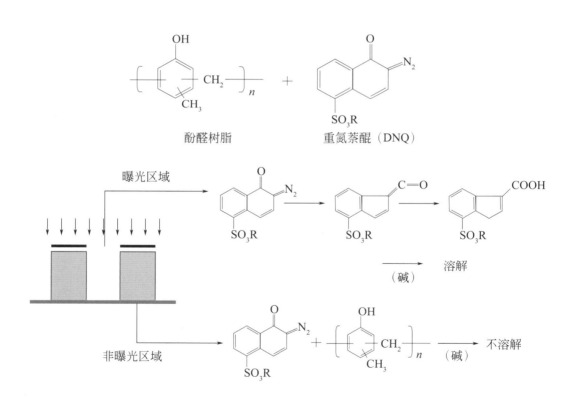

图5-1　酚醛树脂光刻胶的组成和图形形成机理

酚醛树脂光刻胶通常作为正性胶使用。感光剂重氮萘醌，在曝光时分解，形成茚羧酸。酸性的茚羧酸，可溶于碱性显影液。而重氮萘醌，本身是一种疏水性的感光材料，不溶于碱性显影液。这样，显影的机理差别就可以用于图形设计[1]。

酚醛树脂光刻胶的光化学反应如图5-2所示。在酚醛树脂光刻胶未曝光时，重氮萘醌（以下简称DNQ）通过氢键与酚醛树脂相连，形成一个不溶性结构。当未曝光的区域与碱性显影液接触时，DNQ与酚醛树脂形成偶氮偶联，这阻止了树脂本身溶解于碱性显影液。而当DNQ暴露在紫外光下时，DNQ会分解成茚酸，同时，其氢键会与酚醛树脂解离。这样与碱性显影液接触时离子化，加速了树脂的溶解。在加热未曝光的感光剂时，DNQ和酚醛树脂之间的酯化反应使其不溶于碱性显影液。这种反应也导致了表面的难溶。此外，通过对曝光后的DNQ进行加热（PEB），茚羧酸会发生胺催化的脱羧反应，形成不溶于碱性显影液的茚类。这种反应称为图形反转反应，并起到图形反转的作用[2-4]。

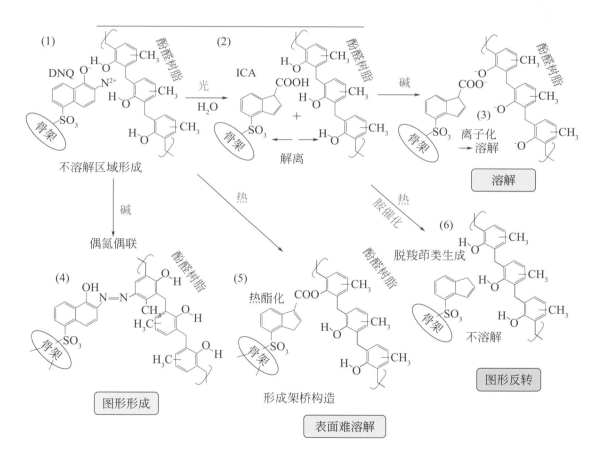

图5-2　酚醛树脂光刻胶的光化学反应

图5-3说明了未曝光酚醛树脂光刻胶的不溶解原理。其中DNQ和酚醛树脂通过氢键相连，当未曝光的区域与显影液接触时，DNQ与酚醛树脂发生偶氮偶联反应使分子量增大。这是其不溶于碱性显影液的主要原因。

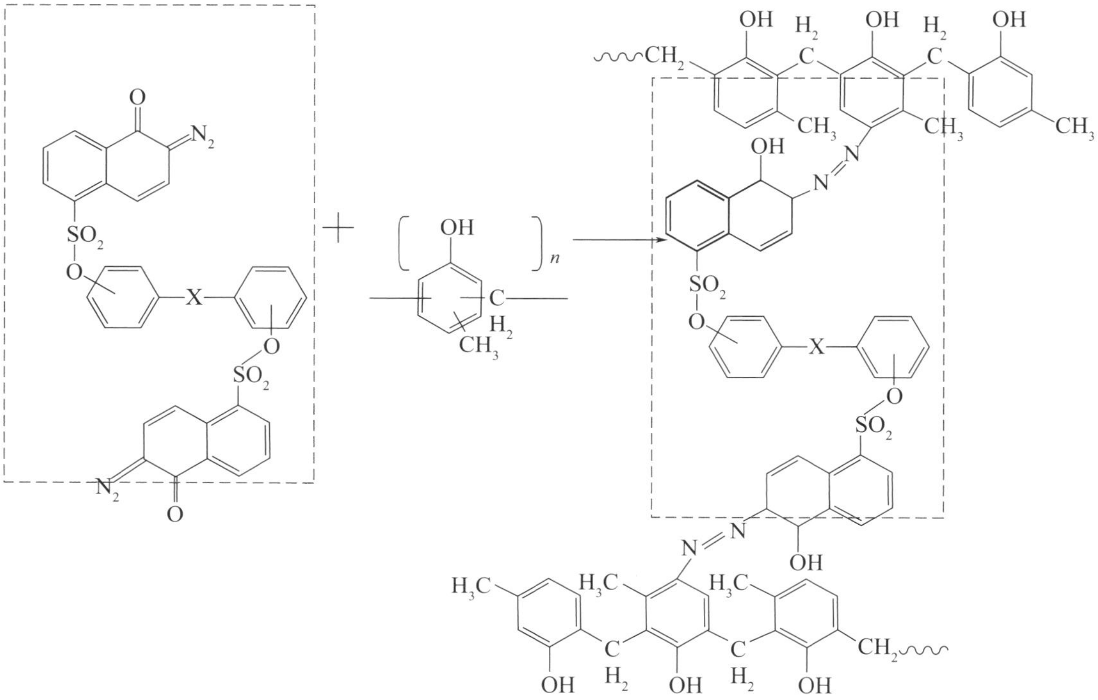

图5-3 未曝光酚醛树脂光刻胶的不溶解原理

自酚醛树脂光刻胶问世以来，随着半导体微细化发展的要求，为了实现更高的分辨率，其改进方向有三个关键点：

① 提高光刻胶的对比度；

② 因表面难溶层而抑制未曝光区的薄膜损失；

③ 增加树脂的透明性。

图5-4显示了提高分辨率的研究方向。

① 酚醛树脂光刻胶通过抑制未曝光区域的溶解和促进曝光区域的溶解来提高显影的对比度。同时，增加材料对比度，即使在中等光强度下也能获得矩形图形。

② 光刻胶表面形成一个难溶层，以减少未曝光区域的薄膜损失。这对在离焦区域保持图形的矩形特别有效，并增加了DOF。

③ 高透明度使光线能够穿透光刻胶，从而形成一个矩形图形。同时，它增强了内部每一单元的效果，使图形更精细。

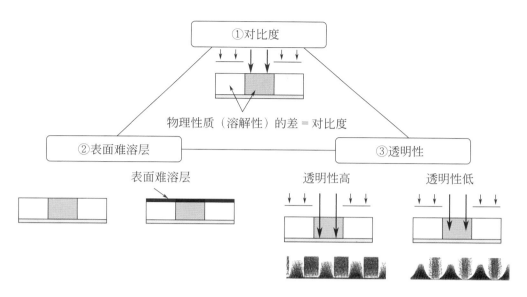

图5-4 提高分辨率的方向

图5-5显示了实现高分辨率的光刻胶设计指导原则。通过设计一种同时实现① 和② 的材料，就可能开发一种具有高感光度和高分辨率的光刻胶。

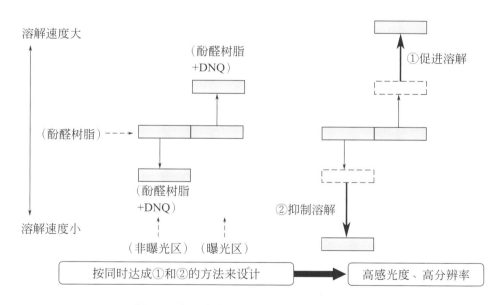

图5-5 实现高分辨率的光刻胶设计指导原则

（1）提高对比度

控制分子量分布已被认为是一种有效提高对比度的方法[5]。光刻胶在低曝光水平时溶解低分子量分布树脂，在中曝光水平时溶解中分子量分布树脂，在高曝光水平时溶解高分子量分布树脂，这样光刻胶的对比度就不可能高。如果使用去除中间分子量的树脂制成光刻胶，那么在低曝光水平下将抑制高分子量分布树脂（以下简称双峰树脂）溶解，在高曝光水平下将促进低分子量分布树脂溶解。获得了较大的溶解促进效果，并实现高对比度（图5-6）[6,7]。

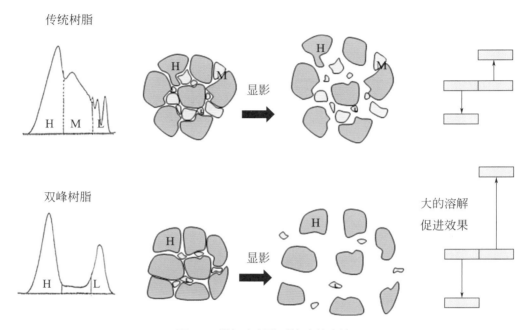

图5-6　增加光刻胶对比度的方法

（2）引入表面难溶层

DNQ和酚醛树脂之间的酯化反应使光刻胶具有表面难溶性。图5-7为一个测量带有表面难溶层的光刻胶的显影速度的例子。可以看出，即使在曝光范围内，光刻胶C也有一个表面难溶层。

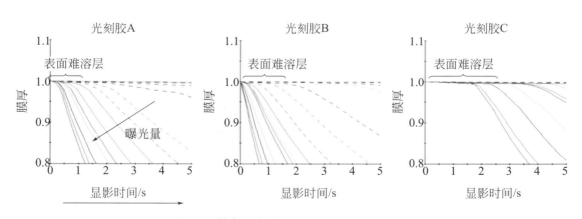

图5-7　带表面难溶层光刻胶的显影速度比较

（3）高透明度

图5-8显示了当g线光刻胶分别在g线和i线曝光时，光刻胶曝光图形的形状。当g线光刻胶曝光于i线时，图形会变成锥形，感光度也降低了。这是由于DNQ在不同曝光波长下透明度不同。

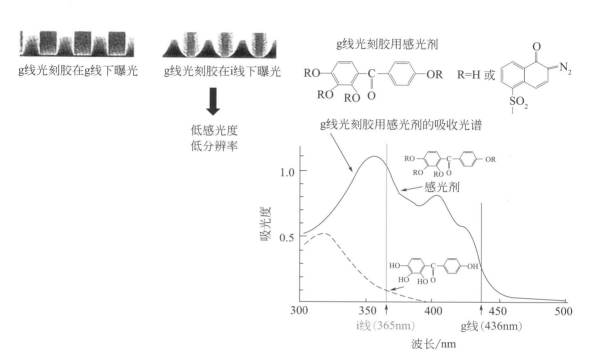

图5-8　波长和透过率的影响

在g线光刻胶中，含二苯甲酮结构的分子被用来作为感光剂。二苯甲酮对g线是透明的，但对i线有很大的吸收。因此，对于i线光刻胶，使用在i线吸收性较低的感光剂（不含二苯甲酮）。设计时对应曝光波长，选择合适的感光材料以实现光刻胶的高透明度非常重要[8]。

5.2　利用光刻模拟对酚醛树脂光刻胶进行评测

5.2.1　简介

酚醛树脂光刻胶由酚醛树脂、感光材料（PAC）和溶剂组成。其光化学反应比化学放大型光刻胶的反应简单，模拟和实验的结果一致性很好。因此，模拟法是评估酚醛树脂光刻胶的有效方法。

5.2.2 光刻模拟技术

光刻模拟是一种对曝光、曝光后烘烤（PEB）和显影过程进行建模并在PC上再现的技术[9]。通过测量代表光刻胶光化学反应的一些参数并将其输入模拟软件，就可计算出来显影后的光刻胶图形[10]。模拟酚醛树脂光刻胶所需的参数分以下两类：

① 与感光性相关的参数：A、B、C参数，曝光波长下的折射率；

② 与显影有关的参数：显影参数。

模拟的计算流程如下所示。第一步是计算光刻胶表面的光强度。

透过掩模版的光线通过一个缩小投影透镜，在光刻胶表面成像。这里，光刻胶被理解为一个个小单元的集合。在曝光时，光刻胶表面的光强度会渗入光刻胶。由于光强分布是一个归一化的数值，将其乘以光照量就可以得到光照强度分布。假设每个单元都收到一定强度的光。这样，就可得到光刻胶膜中的光照强度分布。被掩模版遮挡的区域将有$0mJ/cm^2$曝光量，而完全暴露的区域，例如光强是$100mJ/cm^2$，将有$100mJ/cm^2$的曝光量（图5-9）。

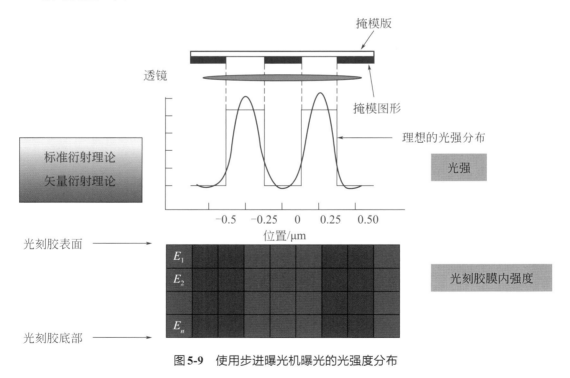

图5-9 使用步进曝光机曝光的光强度分布

接下来，在步进曝光机光学系统中必须考虑离焦问题。图5-10展示了步进光学系统中离焦的概念图。

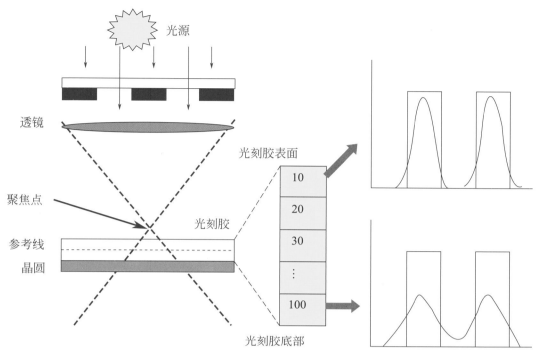

图5-10　步进光学系统中离焦的概念图

假设聚焦点（焦点）略高于光刻胶表面。在光刻胶的表面，因为接近焦点，可得到一个陡峭的光强度分布。而在光刻胶的底部，光强分布离焦点更远，由于离焦，光强分布有一个"更模糊"的形状。这就是光刻胶膜中的离焦效果。假设，光刻胶膜被分为100层，考虑到离焦因素，需计算每层表面的光强分布[11]。

计算光强分布时所需要的光学信息及模拟计算所需的输入信息如下。① 曝光波长；② 透镜信息：NA、像差；③ 透镜照明信息：σ值、离轴照明；④ 掩模版信息：线和间隔尺寸、掩模版形状、高分辨率掩模版条件；⑤ 离焦量。

一旦确定了光刻胶薄膜中的光照强度分布，该强度就被转化为感光剂的分解浓度，见图5-11。

光照强度的分布仅仅是空间上的强度分布，并未考虑光刻胶的光吸收和多重干涉等的影响。因此，为了获得感光剂的分解浓度分布，还有必要加上光刻胶的光吸收和多重干涉的影响[12]。

这里需要Dill的*A*、*B*、*C*参数：*A*是感光剂的光吸收，*B*是树脂的光吸收（包括分解了的感光剂的光吸收），*C*是感光剂的分解反应速率常数。计算的方式显示在图5-12中[13]。曝光结束后，下一步是曝光后烘烤，计算出感光材料的分解浓度分布受热扩散的影响。

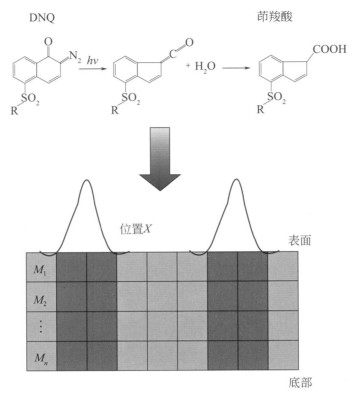

曝光能量分布→感光剂浓度分布

图5-11　感光剂的浓度分布计算

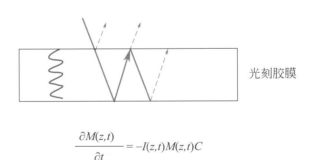

光刻胶膜

$$\frac{\partial M(z,t)}{\partial t} = -I(z,t)M(z,t)C$$

M：感光剂浓度；I：辐照强度；t：辐照时间；
z：深度位置；C：反应速率常数

$$\bar{n} = n - i\frac{\lambda[AM(z,t)+B]}{4\pi}$$

n：折射率；i：消光系数；A，B：常数

图5-12　感光剂分解浓度的计算（多重干涉效果、漂白效果）

图5-13显示了感光剂热扩散的计算结果。可以看出，光刻胶膜中的驻波效应被热扩散抵消了。

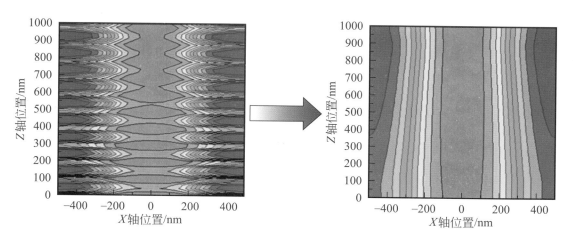

归一化感光剂浓度分布 ⟶ 热扩散（PEB）

$$\frac{\partial C_A}{\partial t} = \frac{D(\partial^2 C_A)}{\partial z^2}$$

光刻胶参数：扩散系数$D(\text{nm}^2/\text{s})$，R_{max}、R_{min}、n、M_{th}

图5-13　感光剂的热扩散计算

完成了PEB后感光剂热扩散的计算，下一步就是对显影的计算。利用显影速度方程，将感光剂浓度分布转换成显影速度。图5-14显示了转换的图形。

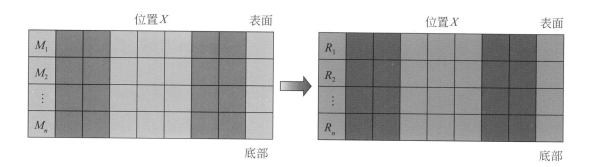

归一化感光剂浓度 ⟶ 显影速度

$$R = R_{max}\frac{(\alpha+1)(1-M)^n}{\alpha+(1-M)^n} + R_{min} \qquad\qquad \alpha = \frac{n+1}{n-1}(1-M_{th})^n$$

图5-14　感光剂浓度分布与显影速度的转换

在这里，使用了Mack显影速度公式[9]，即感光剂浓度M和显影速度R之间关系的公式。其中，M是归一化的感光剂浓度，R是显影速度（nm/s），n是显影对比度，M_{th}是感光度阈值。显影计算使用单元显影速度，将其转换为单元溶解和消失的时间。然后换算成所有单元被显影液溶解的时间后，可以得到某个时间的图形轮廓，例如，用线连接60s内单元溶解的边界，可以得到60s显影图形。

显影总是从光刻胶的顶部表面开始。也就是说，在显影的早期阶段，显影单元只从一侧与显影液接触。随着显影的进行，从两面或三面与显影剂接触。因此，将单元显影速度乘以一个基于单元接触显影液的表面数量的系数来计算显影的过程。计算显影的方法是根据单元可去除模型假设每个单元可以被逐一去除[14]。对显影的方向，使用矢量计算的字符串模型[15]。而光的轨迹计算，使用光线追踪模型[16]。图5-15是显影计算。

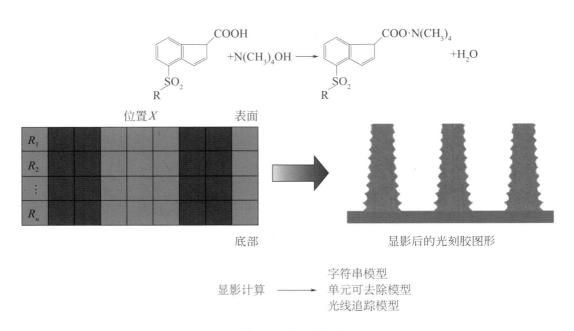

图5-15　显影计算

5.2.3　参数的实测和模拟

下面将以TOK公司的g线光刻胶OFPR-800为例来说明测量和模拟的参数。

（1）ABC参数的测量

测量ABC参数的方法在第4章4.4.4中已给出。图5-16显示了OFPR-800的A、B、C参数测量实例。膜厚度为1μm，预烘烤温度为100℃，时间60s。

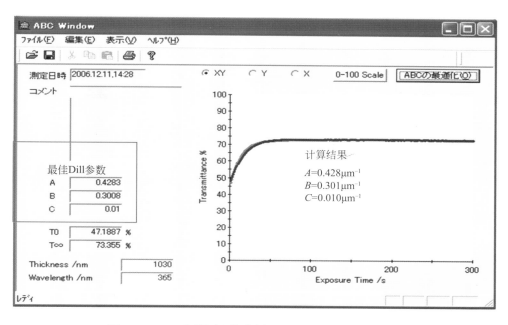

图5-16　**ABC**参数测量的实例（**OFPR-800**，膜厚1μm）

（2）显影参数的测量

显影参数可用光刻胶显影分析仪（图5-17）测量。该设备由显影槽、监控光源和用于数据分析的电脑组成。

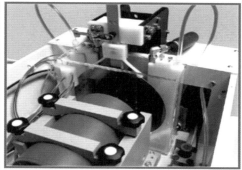

图5-17　光刻胶显影分析仪

图5-18显示了光刻胶显影分析仪的工作原理。从光源发出的光（470nm或950nm：470nm对应于100～500nm的光刻胶膜厚，950nm对应于500nm～10μm的光刻胶膜厚）

照射正在显影的晶圆（光刻胶）。从基板反射回来的光进入光透镜，转换成电信号，并由电脑进行分析。

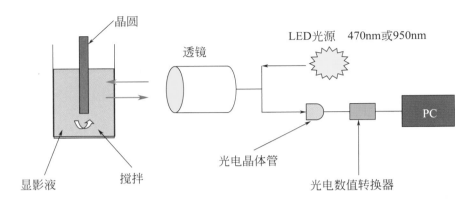

图5-18　光刻胶显影分析仪的原理

当单色光照射在光刻胶膜上时，在光刻胶表面和基板表面会发生反射。这两个反射相互干涉并产生驻波。随着显影过程进行光刻胶的厚度减小，每个厚度都会出现一个光强[11]。如图5-19所说明，当所有的光刻胶膜被溶解并露出基板，此时，只有从基板表面反射的光线，没有干涉光出现。这个点被称为转折点，表示光刻胶膜消失的时间。

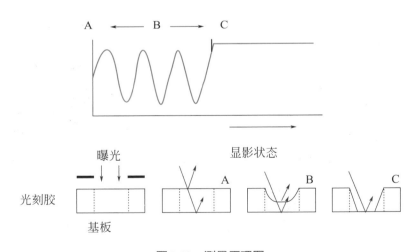

图5-19　测量原理图

通过使用图5-20所示的方程将获得的干涉波形转换为薄膜厚度，可以得到光刻胶膜厚度和显影时间之间的关系。这条曲线被称为残留膜曲线。从残留膜曲线的斜率可得到显影速度。

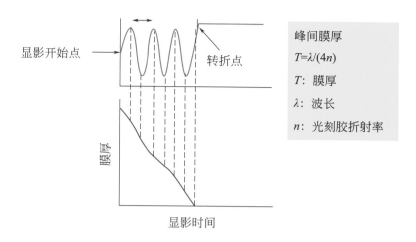

峰间膜厚

$T = \lambda/(4n)$

T: 膜厚

λ: 波长

n: 光刻胶折射率

显影开始点

转折点

膜厚

显影时间

图5-20　根据干扰波形计算出的残留膜曲线

图5-21是OFPR-800的残留膜曲线。纵轴为光刻胶的膜厚，横轴为显影时间，图中显示了不同曝光量下的残留膜曲线。

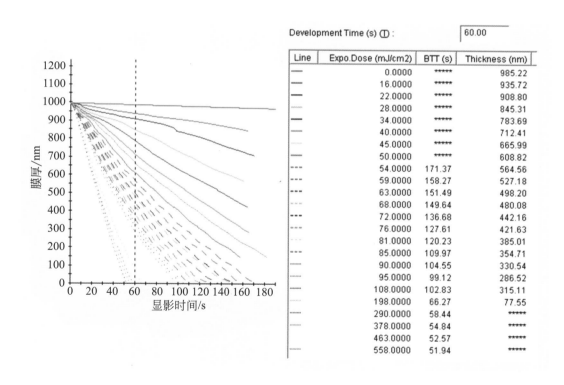

Development Time (s) ①: 　　　60.00

Line	Expo.Dose (mJ/cm2)	BTT (s)	Thickness (nm)
	0.0000	*****	985.22
	16.0000	*****	935.72
	22.0000	*****	908.80
	28.0000	*****	845.31
	34.0000	*****	783.69
	40.0000	*****	712.41
	45.0000	*****	665.99
	50.0000	*****	608.82
	54.0000	171.37	564.56
	59.0000	158.27	527.18
	63.0000	151.49	498.20
	68.0000	149.64	480.08
	72.0000	136.68	442.16
	76.0000	127.61	421.63
	81.0000	120.23	385.01
	85.0000	109.97	354.71
	90.0000	104.55	330.54
	95.0000	99.12	286.52
	108.0000	102.83	315.11
	198.0000	66.27	77.55
	290.0000	58.44	*****
	378.0000	54.84	*****
	463.0000	52.57	*****
	558.0000	51.94	*****

膜厚/nm

显影时间/s

图5-21　OFPR-800的残留膜曲线

图5-22是深度方向的显影速度曲线。可以看出，光刻胶中产生了驻波现象。根据图5-21和图5-22的数据，可以得到表示光刻胶感光度的E_{th}和对比度γ，以及判别曲线。

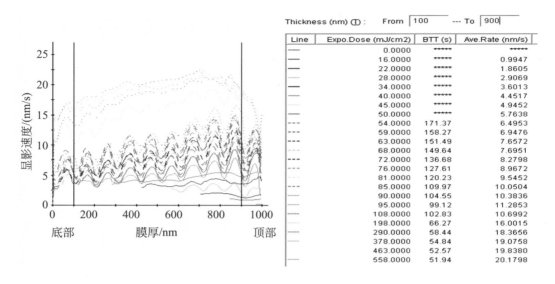

图5-22　深度方向的显影速度曲线

在120s的显影时间内，求得了 E_{th}=81mJ/cm² ，对比度 γ 为1.54（图5-23和图5-24）。

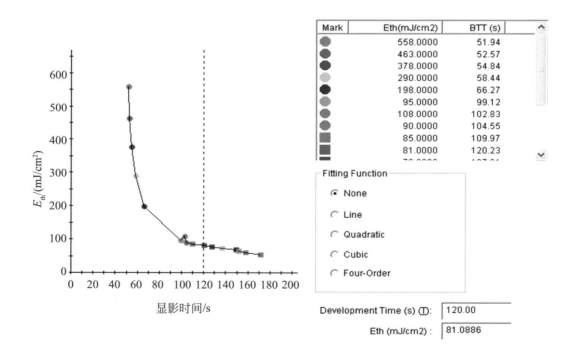

图5-23　E_{th} 与显影时间的关系（显影时间120s时 E_{th}=81mJ/cm²）

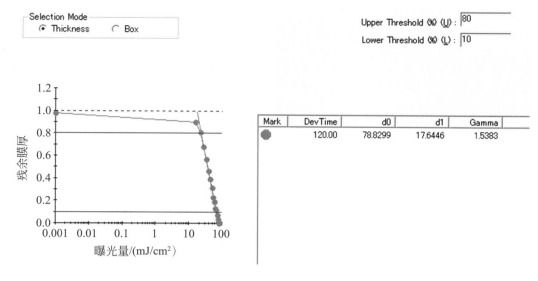

图5-24　归一化残余膜厚和曝光量的关系以及对比度γ的计算

在图5-25中，横轴是曝光量，通过将该曝光量转换为归一化的感光剂浓度并根据 Mack 显影速度公式拟合，可以确定显影参数。显影对比度$\tan\theta$为1.23。

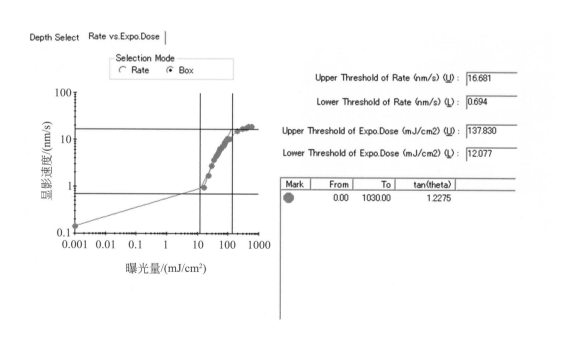

图5-25　平均显影速度和曝光量的关系以及显影对比度$\tan\theta$的计算

图 5-26（a）显示了显影速度和光刻胶厚度位置的关系，由光刻胶显影分析仪实测出来。图 5-26（b）显示了感光剂浓度和光刻胶厚度位置的关系，这是计算出来的数据。这两组数据有一个共同的分母，即光刻胶厚度位置信息。这样，就得到了显影速度和感光剂浓度之间的关系。然后为每个不同的曝光量绘制出显影速度曲线。将 Mack 的显影速度方程[9]与该曲线进行拟合，可以确定显影参数（图 5-27）。

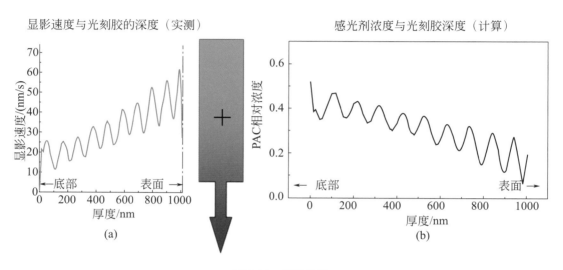

图 5-26 显影参数

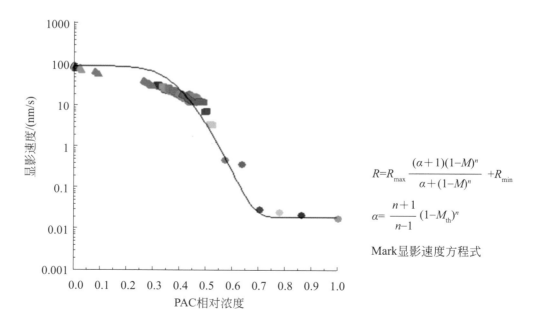

$$R = R_{max} \frac{(\alpha+1)(1-M)^n}{\alpha+(1-M)^n} + R_{min}$$

$$\alpha = \frac{n+1}{n-1}(1-M_{th})^n$$

Mark 显影速度方程式

图 5-27 **Mack** 的显影速度方程与显影速度曲线的拟合结果

图5-28显示了显影速度模型的演变。显影速度模型由F.H.Dill等在1975年首次提出。随着光刻胶分辨率的提高，Kim模型[17]和Mack模型[9]被相继提出。

Dill模型(IEEE,1975)

$$R=\exp(E_1+E_2M+E_3M^2)$$

Kim模型(IEEE,1984)

$$\frac{1}{R}=\frac{1}{R_1}\{1-M\exp[-R_s(1-M)]\}+\frac{1}{R_2}M\exp[-R_s(1-M)]$$

Mack模型(J.Electrochem,1987)

$$R=R_{max}\frac{(\alpha+1)(1-M)^n}{\alpha+(1-M)^n}+R_{min} \qquad \alpha=\frac{n+1}{n-1}(1-M_{th})^n$$

M—感光剂浓度；R—显影速度

图5-28　显影速度模型的演变

图5-29显示了早期g线光刻胶OFPR-800、第二代g线光刻胶TSMR-8900和早期i线光刻胶TSMR-iP1800的显影速度曲线，以及各自对应的不同模型的拟合结果。可以看出，随着光刻胶的进步，显影速度曲线变得越来越非线性，不同显影速度模型也发展起来了。图5-30为增强型Mack模型的显影速度公式。

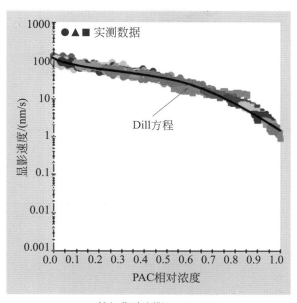

(a)g线初期光刻胶OFPR-800

图5-29

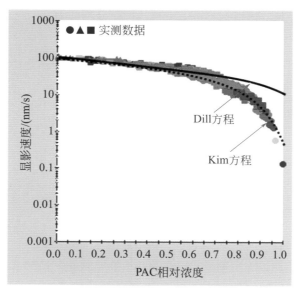

(b)g线二代光刻胶TSMR-8900

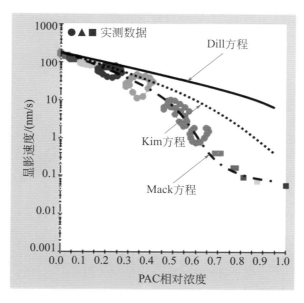

(c)i线初期光刻胶

图5-29 光刻胶显影速度曲线的变迁和各模型的拟合结果

增强型Mark显影速度方程(J.Electrochem 1992)

$$R_{\text{EnhMack}} = R_{\text{resin}} \frac{1 + k_{\text{enh}}(1-M)^n}{1 + k_{\text{inh}}(M)^l}$$

未感光PAC   完全感光PAC

$M=1$ $M=0$

$$R_{\text{min}} = \frac{R_{\text{resin}}}{(1+k_{\text{inh}})}$$ $$R_{\text{max}} = R_{\text{resin}}(1+k_{\text{enh}})$$

R_{resin}：树脂的显影速度

$k_{\text{enh}}, k_{\text{inh}}$：与促进与抑制机理相关的有效速度

n, l：与显影的促进与抑制相关的有效反应常数

图5-30　增强型Mack模型的显影速度公式

20世纪90年代初，具有高分辨率的i线光刻胶被开发出来。这些光刻胶的显影速度曲线具有强烈的非线性特征。因此，1992年Chris Mack提出了一个新的显影速度模型，即增强型Mack模型[10]。图5-31是使用该模型进行拟合的一个例子。

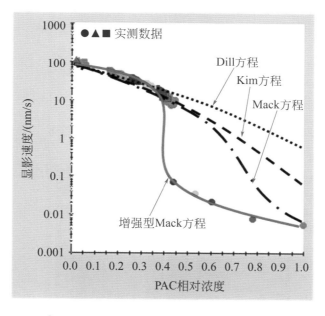

图5-31　用增强型Mack模型拟合i线高分辨率光刻胶（PFR-IX500/JSR）的例子

光刻胶的高对比度产生了高分辨率，这又导致了显影速度模型的演变。图5-32为OFPR-800显影参数的测量结果。

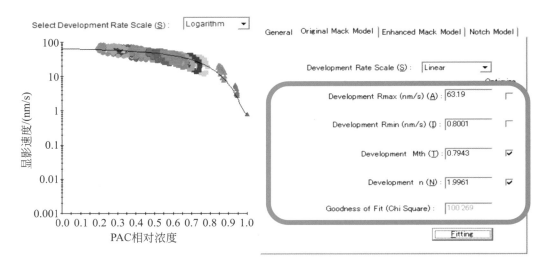

图5-32　OFPR-800的显影参数的测量结果

图5-33为模拟的计算过程。

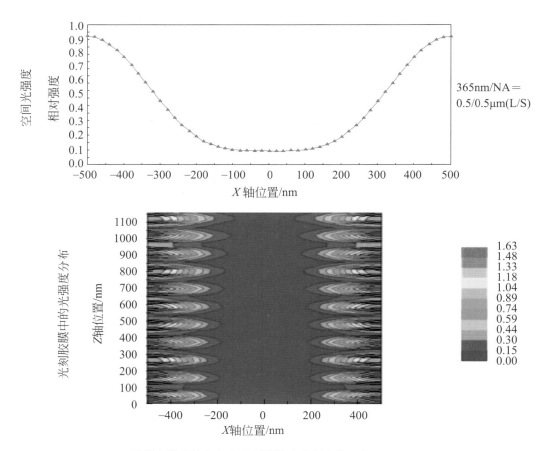

(a)计算光强度的分布和光刻胶膜内光强度的分布

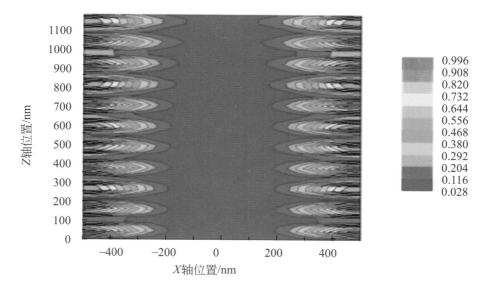

感光剂浓度分布（PEB前）

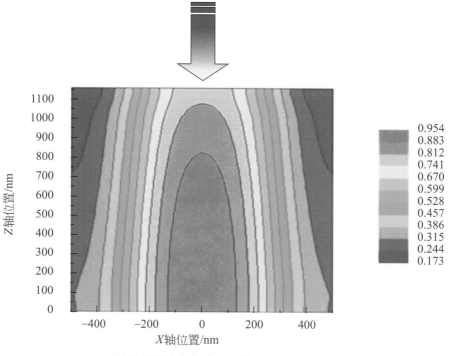

感光剂浓度分布（PEB后）

(b) PEB的计算

图 5-33

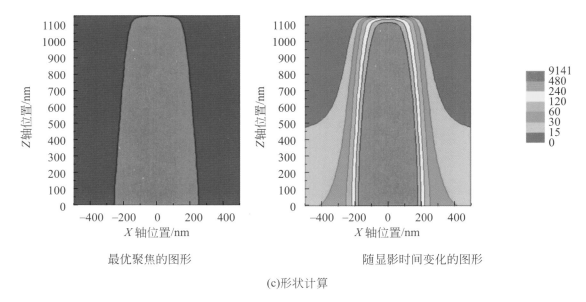

最优聚焦的图形　　　　　　　　　　随显影时间变化的图形

(c)形状计算

图5-33　光刻技术模拟的计算过程

5.2.4　小结

图5-34显示了OFPR-800的模拟结果。使用酚醛树脂光刻胶，一旦得到ABC和显影参数，就可以进行光刻模拟。

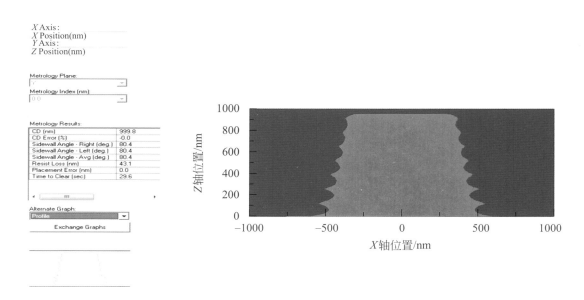

曝光波长：436nm，NA = 0.5，σ = 0.5，膜厚：1μm,显影时间：120s(TMAH, 2.38%,23℃)

图5-34　OFPR-800的模拟结果

5.3 利用模拟进行工艺优化

5.3.1 简介

在第5.2节中，描述了酚醛树脂光刻胶的模拟。已经有使用模拟对酚醛树脂进行工艺优化的研究工作[18-20]。光刻胶显影工艺中，显影液的温度是一个重要的参数。在本节中，使用模拟法研究了g线光刻胶的最佳显影液温度。

5.3.2 实验与结果

选择代表性的g线光刻胶OFPR-800，研究它形成1μm图形的最佳显影液温度。实验条件如下所示。

光刻胶：OFPR-800

膜厚：1μm

预烘烤：90℃，60s

显影液：TMAH（2.38%）

显影液温度：14℃、16℃、18℃、20℃、22℃、24℃、26℃、28℃、30℃

图形尺寸：1μm（L/S）

测量显影液温度从14℃至30℃时的显影特性。图5-35显示了不同显影液温度下的曝光量与显影速度关系。

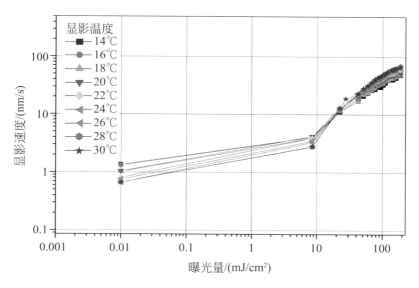

图5-35 显影液温度为14 ~ 30℃时的显影曲线

显影参数是用前一章中得到的*ABC*参数计算的。表5-2为在不同显影液温度下显影参数的测量结果。随着显影液温度的增加，E_{th}下降（变得对光更敏感），在22℃时获得最高感光度。对比度γ随着显影液温度的增加而增加，在显影液温度为22℃或更高时达到稳定。R_{max}随着显影液温度的增加而增加，而R_{min}随着显影液温度的增加而降低（图5-36～图5-38）。

表**5-2** 不同显影液温度下显影参数的测量结果

显影液温度/℃	E_{th}	γ	R_{max}	R_{min}	M_{th}	n
14	50.5	0.99	48.3	1.35	0.80	1.85
16	47.6	1.07	54.1	1.31	0.79	1.90
18	45.7	1.08	57.3	1.02	0.77	2.05
20	42.0	1.14	62.2	1.04	0.77	2.11
22	40.5	1.16	63.2	0.80	0.79	2.00
24	40.9	1.14	71.0	0.75	0.75	2.18
26	41.8	1.16	71.4	0.65	0.75	2.20
28	41.6	1.16	73.5	0.67	0.74	2.28
30	42.2	1.16	72.2	0.67	0.76	2.27

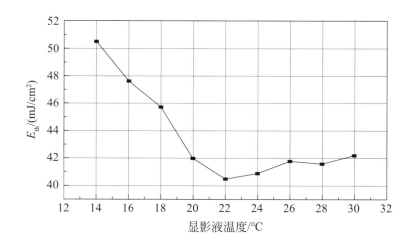

图**5-36** E_{th}与显影液温度之间的关系

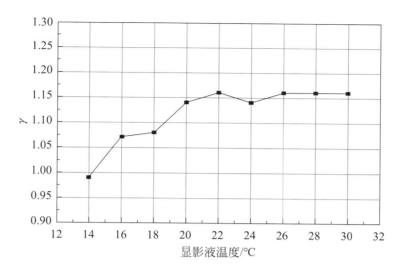

图5-37 对比度γ与显影液温度的关系

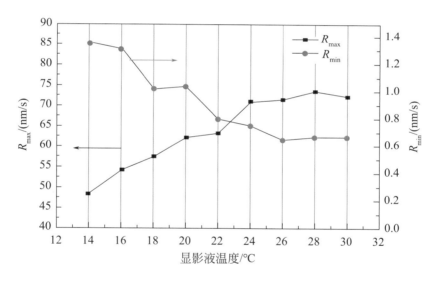

图5-38 R_{max} 和 R_{min} 与显影液温度的关系

5.3.3 模拟研究

使用获得的显影参数进行了形状模拟。使用的模拟软件是KLA-Tencor公司的Prolith（Ver.10.2）。模拟条件如下所示。

曝光波长：436nm

NA：0.5

σ：0.5

尺寸：1μm

将设计尺寸1μm，曝光得到图形为1μm时的曝光量定为E_{op}（即光刻胶图形线宽与掩膜板线宽一致时的曝光量）。还确定了获得10%的曝光余量的DOF。表5-3显示了不同显影液温度下E_{op}和DOF的计算结果。

表5-3　不同显影液温度下的模拟结果

显影液温度/℃	E_{op}/（mJ/cm²）	DOF（EL10%）/μm
14	46.9	1.80
16	43.6	1.90
18	43.0	2.40
20	42.4	2.59
22	39.8	2.58
24	42.8	2.59
26	43.3	2.60
28	43.8	2.60
30	44.1	2.60

图5-39显示了E_{op}和10%曝光余量时的DOF；E_{op}随着显影液温度的升高先降低，在22℃时达到最高感光度，然后继续增加；DOF随着显影液温度的升高而增加，在温度高于20℃时，保持在2.6μm的水平。根据这个结果，同时考虑感光度和DOF，最佳的显影温度被认为是22℃。图5-40显示了E_{op}处的光刻胶几何形状，图5-41显示了焦点曝光矩阵。

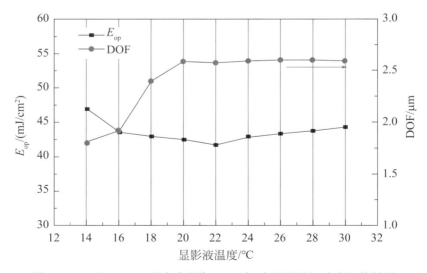

图5-39　E_{op}和DOF（曝光余量为10%时）与显影液温度之间的关系

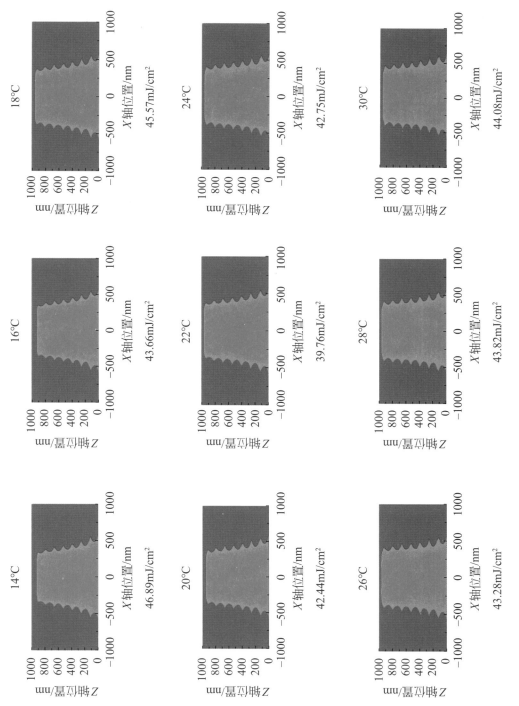

图 5-40 在不同的显影液温度下显影后的图形轮廓和 E_{op}

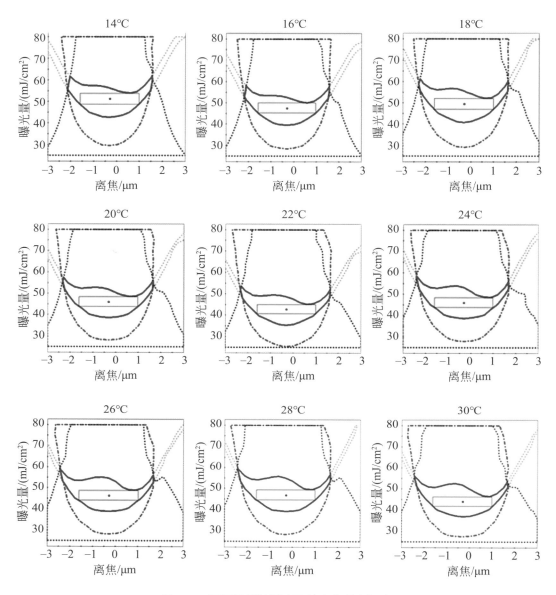

图5-41　不同显影液温度下的离焦曝光矩阵

5.3.4　分析与讨论

为什么当显影液的温度升高时，显影速度（R_{max}）在曝光区域增加，而在未曝光区域显影速度（R_{min}）下降？图5-42显示了不同显影液温度下R_{max}和R_{min}的阿伦尼乌斯图。在未曝光的区域，溶解率随着显影液温度的升高而降低。这是由于未曝光区域的感光材料和树脂之间的偶合反应（图5-3），导致光刻胶不被显影液溶解。显影液温度的增加加剧了这一反应，因为其活化能为负值 [−2.692kcal/mol（1cal=4.1868J）]。在曝光区域，溶解率随着显影液温度的增加而增加，其反应活化能为2.563 kcal/mol。曝光区域的溶解反应是由羧酸的电离和中和引起的，因其活化能为正，随着显影液温度的升高，这种反应会加剧。

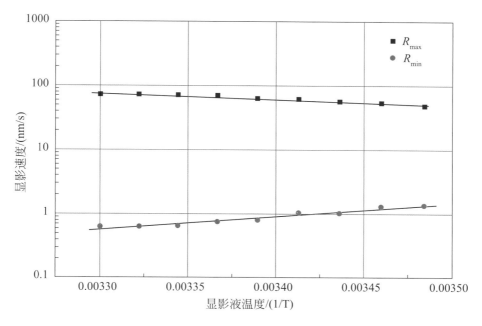

图5-42 阿伦尼乌斯图

5.3.5 小结

模拟软件使得工艺优化过程变得容易。在本节中，我们展示了一个优化显影液温度的例子，其他如材料的组合和感光剂的浓度的影响也很容易采用模拟方法进行研究。

参考文献

[1] M. Hanabata, A. Furuta and Y. Uemura, *Advances in Resist Technology and Processing* III, Proc. SPIE, 631, 76(1986).

[2] M. Hanabata, A. Furuta and Y. Uemura, *Advances in Resist Technology and Processing* IV, Proc. SPIE, 771, 85(1987).

[3] M. Hanabata, Y. Uetani and A. Furuta, *Advances in Resist Technology and Processing* V, Proc. SPIE, 920, 349(1988).

[4] M. Hanabata and A. Furuta, *Advances in Resist Technology and Processing* VII, Proc. SPIE, 1262, 476(1990).

[5] M. Hanabata, Y. Uetani and A. Furuta, J. Vac. Sci. Technol. B7(4), 640(1989).

[6] Y. Minami and A. Sekiguchi, Journal of IEICE. C-2, J76-C-II(12), 562(1993).

[7] T. Kokubo, Fuji Film Research and Development, 34, 621(1989).

[8] M. Hanabata, F. Oi and A. Furuta, *Advances in Resist Technology and Processing* VIII, Proc. SPIE, 1466, 132(1991).

[9] C. A. Mack, Optical Microlithography IV, Proc. SPIE, 538, 207(1985).

[10] P. Trefonas, C. A. Mack, Advances in Resist Technology and Processing VIII, Proc. SPIE, 1466, 270(1991).

[11] Y. Minami, A. Sekiguchi, *Electronics and Communications in Japan*, Part 2, **Vol. 76**, No. 11, pp.106-115(1993).

[12] J. Sekiguchi, T. Matsuzawa and Y. Minami, IEICE Transactions, **Vol. J78-C-II**, No. 12, pp.554-561(1995).

[13] J. Sekiguchi, Y. Minami, T. Matsuzawa, T. Takezawa and Y. Miyagawa, IEICE Transactions, **Vol. J77-C-II**, No. 12, pp.555-563(1994)(in Japanese).

[14] D. A. Bernard: "Modeling of focus effects in photolithography", IEEE Trans. Semiconductor Manufacturing. Vol. 1, No. 3 pp.85-97(1988).

[15] M. S. Yeung: "Modeling High Numerial aperture optical lithography". Proc. SPIE. Vol. 922. pp149-167(1988).

[16] W. Henke, and G. Czech: "Simulation of Lithographic Images and Resist Profiles", Elsevier Science Publishers B. V., pp629-633(1990).

[17] D. J. Kim, W. G. oldham, and A. R. Neureuther: "Development of Positive Photoresist". IEEE Trans. Electron Dev., Vol. ED-31. No12, pp1730-1736(1984).

[18] M. Yamamoto, H. Horibe, A. Sekiguchi, E. Kusano, T. Ichikawa, and S. Tagawa, J. Biol. Photopolym Sci. Technol., 21(2), 299-305(2008).

[19] M. Yamamoto, R. Kitai, H. Horibe, A. Sekiguchi, and H. Tanaka, J. Photopolym Sci. Technol., 22(3), 357-362(2009).

[20] A. Nakao, M. Yamamoto, A. Kono, H. Horibe, A. Sekiguchi, H. Tanaka, Electronics and Cpmmunication in Japan, J93-C(10), 360-366(2010).

第6章 KrF和ArF光刻胶评测技术

6.1 KrF光刻胶

随着集成电路微细化发展到0.25μm的技术节点，使用i线曝光进行图形制作已变得困难。因此，出现了使用KrF准分子激光器的KrF曝光技术。同时，带来了从酚醛树脂光刻胶到化学放大增幅型光刻胶的转变。因为感光材料重氮萘醌化合物，在248nm处有强烈的吸收。

图6-1显示了KrF准分子曝光系统，从KrF准分子激光光源发出的248nm光通过一

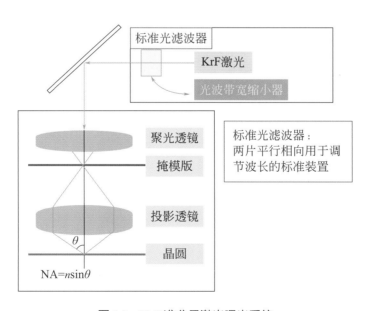

图6-1 KrF准分子激光曝光系统

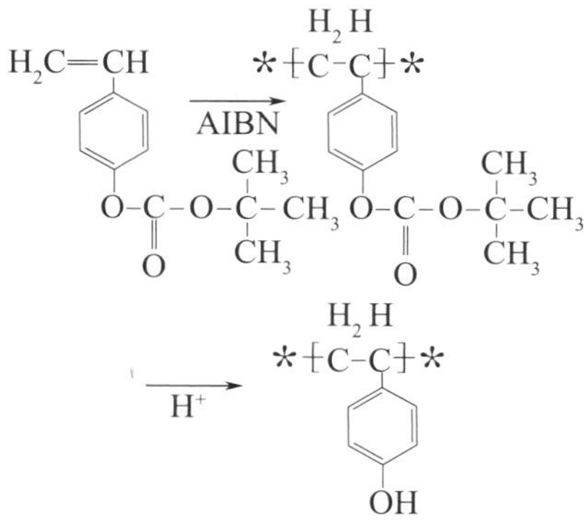

图6-2 **KrF**曝光的化学增幅
光刻胶的反应机理

个标准光滤波器进行滤波，透过聚光透镜照亮掩模版，产生的衍射光通过缩小投影透镜投射到晶圆上成像。KrF曝光的化学增幅光刻胶的反应机理如图6-2所示。

树脂为聚羟基苯乙烯，由缩醛和酯键保护。用光照射产生的少量酸[H$^+$]解离缩醛键和酯键以改变聚合物的溶解度来实现光刻胶的性能。J.M.J.Frechef、G.C.Willson和H.Ito在1982年左右首先提出了这个概念[1]。二丙基碘盐和三苯基锍盐等被用于光致产酸剂（PAG）（图6-3）。图6-4是三苯基锍盐的光分解反应机理。

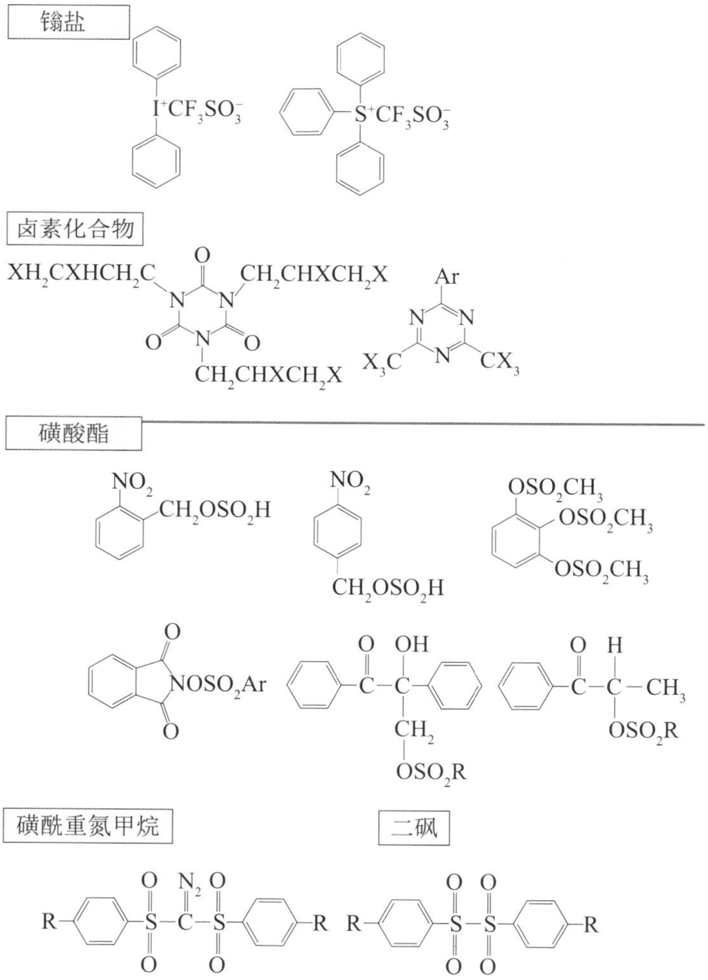

图6-3 光致产酸剂

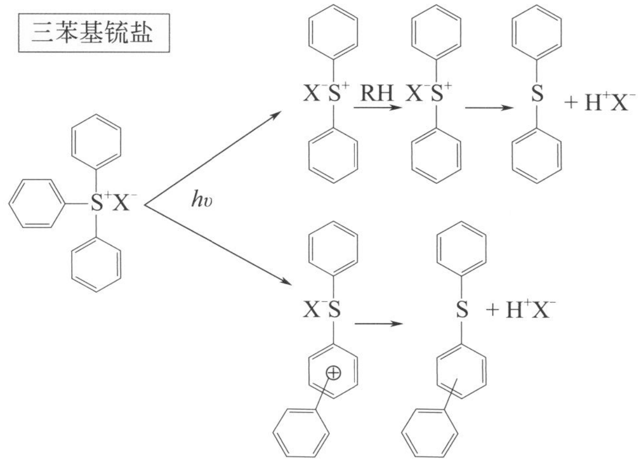

图6-4　三苯基锍盐的光分解反应机理

图6-5显示了使用t-BOC作为保护基的化学增幅光刻胶在KrF下的光分解反应机理。

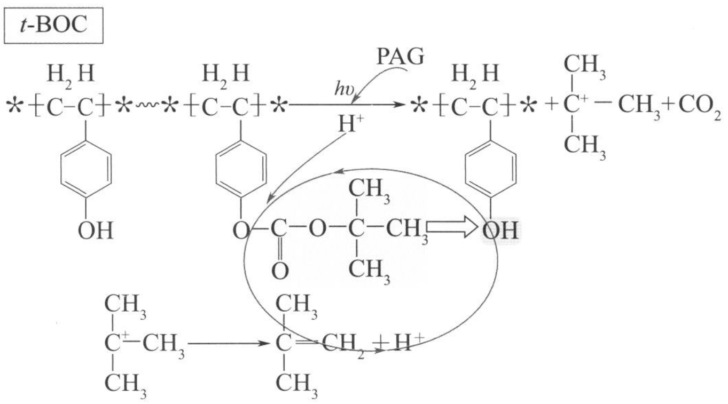

图6-5　使用t-BOC作为保护基的化学增幅光刻胶在KrF下的光分解反应机理

由光解产生的酸脱去了保护基（脱保护反应），同时再生出酸。酸又重复地进行脱保护反应。这就是为什么它们被称为化学增幅型光刻胶。

化学增幅型光刻胶的保护基团见图6-6。

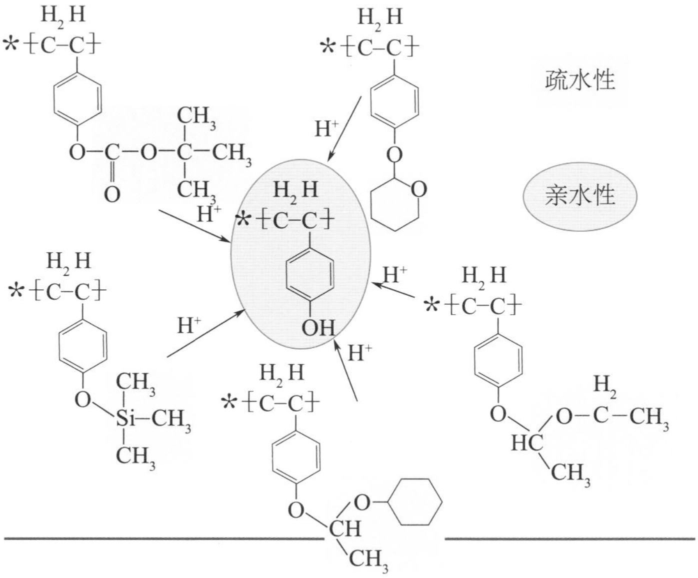

图6-6 化学增幅型光刻胶中的保护基团

6.2 化学增幅型光刻胶的脱保护反应

本节中，我们描述一种用FT-IR分析光反应的方法。自1982年Ito等开展相关工作以来[1]，酸催化的化学增幅型光刻胶已成为了制造亚微米半导体器件的关键材料。围绕着提高化学增幅光刻胶的分辨率和环境稳定性，已经进行了各种各样的研究[2-4]。在正性化学增幅光刻胶中，通过光化学反应从光致产酸剂（PAG）中产生酸，其在曝光后烘烤过程（PEB）中充当催化剂，以脱除保护基团。因此，对脱保护反应的准确理解对于光刻胶的开发和工艺优化非常重要。我们一直在研究探索PEB中脱保护反应的分析方法[5-8]。以往使用的装置，当晶圆移动到烘烤板上时，晶圆和烘烤板之间还会有大约0.2mm的间距[5]（以下简称传统装置）。而真实的PEB，晶圆是紧密接触烘烤板的，开始烘烤后晶圆的升温过程与传统装置的烘烤过程不同。因此，将带烘烤装置的FT-IR光谱仪升级为更接近真实PEB系统的紧密烘烤结构，把晶圆插到烘烤板上，并通过晶圆支架将晶圆紧压在烘烤板上。这样，实验装置就能够重现与实际PEB过程中相同的温升。另外，在发现前文中提出的脱保护反应模型[5]不能充分代表PEB中的脱保护反应后，提出了一个包含酸蒸发影响的新脱保护反应模型。

6.2.1 实验装置

图6-7是传统和改进装置中的烘烤板的结构。在传统装置中，当使用晶圆夹具将晶圆移到烘烤板上时，晶圆的背面和烘烤板之间还存在着大约0.2mm的间距。并且这个间距无法保持每次一致。在改进的装置中，晶圆插入烘烤板，并被晶圆压杆紧压在烘烤板上，以实现紧密烘烤。图6-8是实验装置照片。右边的照片是晶圆推杆的放大图。为了研究曝光期间的反应，该装置被设计为用高压汞灯（半峰宽：12nm，晶圆表面的光照强度：1.0mW/mm^2）的光通过248nm的过滤器照射晶圆。图6-9显示了传统装置和改进装置中晶圆表面的温升曲线。烘烤板的温度设置为110℃。在传统装置中，温度在烘烤开始15s后达到100℃，但本装置，温度在烘烤开始后约5s内超过100℃。

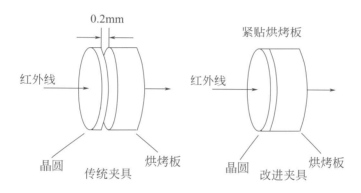

图6-7 传统和改进装置中的烘烤板的结构

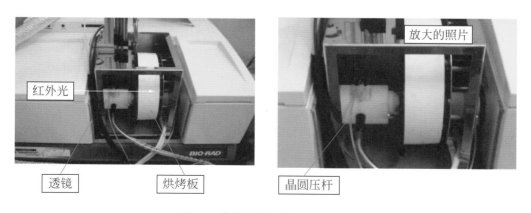

图6-8 带烘烤装置的FT-IR系统

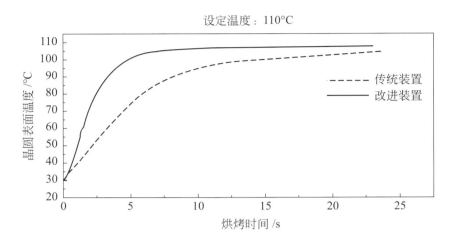

设定温度：110℃

图 6-9　传统装置和改进装置之间的晶圆加热曲线比较

6.2.2　传统模型的问题以及对 Spence 模型的探讨

6.2.2.1　传统模型的问题

使用该实验装置，以乙缩醛为保护基，在 110℃ 下使用正性化学增幅光刻胶测量脱保护反应，并尝试使用之前提出的脱保护反应模型进行拟合[5]。结果显示在图 6-10 中。

$$[P] = \exp\left[-k_{dp}[H^+]^m \left(1 - \exp\left[-\frac{m(t - T_d)}{\tau} \right] \right) \frac{\tau}{m} \right] \qquad (6\text{-}1)$$

$$[H^+] = 1 - \exp(-CE) - Q \qquad (6\text{-}2)$$

式中，[P] 是 PEB 中保护基的归一化浓度；K_{dp} 是 PEB 中的脱保护反应常数，s^{-1}；m 是 PEB 中的脱保护反应次数；t 是 PEB 时间，s；$[H^+]$ 是归一化酸浓度；C 是 PAG 曝光的反应常数，cm^2/mJ；E 是曝光量，mJ/cm^2；Q 是中和剂常数；T_d 是 PEB 中的反应延迟常数，s；τ 是 PEB 中酸的平均寿命常数，s^{-1}。

如图 6-10 所示，测量数据与拟合结果有明显偏差。烘烤方法的改进导致硅片的温度曲线更加陡峭，并在烘烤过程的开始阶段出现更快速的脱保护反应。传统的模型已不足以处理这样的非线性反应曲线。

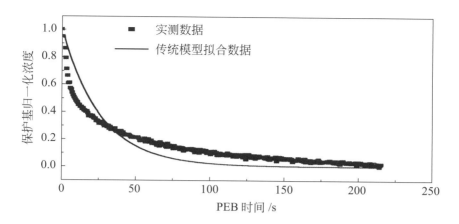

图6-10 测量的脱保护反应曲线和传统模型的拟合

6.2.2.2 Spence 等的模型

1990年，C.A.Spence等提出了化学增幅型光刻胶的光化学反应，将其分为酸产生、脱保护反应和酸失活反应[10-12]。

① 酸产生反应：

$$\text{PAG} + h\upsilon \longrightarrow \text{H}^+ + \text{Products} \tag{6-3}$$

$$\text{H}^+\text{X}^- + \text{Q} \longrightarrow \text{HQ}^+\text{X}^- \tag{6-4}$$

$$[\text{H}_\text{pag}] = 1 - \exp(-CE) \tag{6-5}$$

$$[\text{H}_\text{q}] = [\text{H}_\text{pag}] - q \tag{6-6}$$

式中，$[\text{H}_\text{pag}]$ 是曝光产生酸的归一化浓度；$[\text{H}_\text{q}]$ 是被中和剂失活后的酸浓度；C 是PAG曝光的反应常数，cm^2/mJ；E 是曝光量，mJ/cm^2；q 是加入的中和剂的量（与PAG的摩尔比）。

② 脱保护反应：

$$\text{Ph-OP} + \text{H}^+ \longrightarrow \text{Ph-OH} + \text{Products} \tag{6-7}$$

$$\frac{\partial[\text{P}]}{\partial t} = -K_\text{dp}[\text{P}][\text{H}^+]^m \tag{6-8}$$

$$[\text{P}] = [\text{P}_0]\exp\left(-K_\text{dp}t[\text{H}^+]^m\right) \tag{6-9}$$

式中，$[\text{P}]$ 是保护基的归一化浓度；$[\text{P}_0]$ 是曝光后保护基的初始归一化浓度；$[\text{H}^+]$ 是归一化酸浓度，K_dp 是PEB的脱保护反应常数，s^{-1}；m 是PEB的脱保护反应次数；t 是PEB时间，s。

③ 酸失活反应：

$$H^+ K_{\text{loss}} \longrightarrow H^+ \tag{6-10}$$

$$\frac{\partial [H^+]}{\partial t} = -K_{\text{loss}}[H^+] + D\nabla^2[H^+] \tag{6-11}$$

$$[H^+] = [H_q]\exp(-K_{\text{loss}}t) \tag{6-12}$$

式中，$[H^+]$ 是归一化的酸浓度；K_{loss} 是酸失活反应常数，s^{-1}；t 是 PEB 时间，s。

以前的模型不能充分模拟 PEB 开始时脱保护曲线的急剧弯曲。脱保护曲线的弯曲意味着在 PEB 启动的早期阶段，脱保护反应的急剧变化，这暗示在脱保护反应启动的同时，酸也会急剧失活。因此，我们试图采用 Spence 等的模型来进行拟合，该模型将酸的失活表述为酸失活反应。

6.2.3　实验与结果

使用 Spence 等的模型研究了不同 PEB 温度下的脱保护反应。实验条件见表 6-1。实验用光刻胶为 KrF 正性化学增幅型光刻胶，使用乙缩醛（以下简称 EA 光刻胶）作为保护基，双（环己基磺酰）重氮甲烷（BCHSDM）作为 PAG。首先，将涂覆好光刻胶的基板装入仪器，在室温（23℃）下观察曝光期间 PAG 的分解情况，以确定反应常数 C，同时观察曝光期间的脱保护量，用式（6-7）确定曝光后保护基 P_0 的浓度。然后将样品置于 30mJ/cm² 的曝光量下（该光刻胶在 110℃ PEB 下的 E_{op}），观察不同 PEB 温度下的脱保护反应。

表 6-1　实验条件

光刻胶	KrF CA（EA）光刻胶（TOK 公司）
基础聚合物	PHS
保护基	乙缩醛
PAG	双（环己基磺酰基）重氮甲烷（BCHSDM）
预烘烤	110℃，90s
厚度	700nm
曝光	30mJ/cm²

6.2.3.1　曝光过程的反应

图 6-11 及图 6-12 显示了光刻胶曝光过程中 PAG 的反应，以及曝光或 PEB 期间发生的脱保护反应机理。PAG 中含有的 BCHSDM 通过曝光和与光刻胶中的水分反应，

分解产生N_2。曝光引起的酸生成反应，可以通过FT-IR偶氮键（N═N）在2150cm^{-1}处的吸收来加以观察和研究。另一方面，在曝光和PEB的脱保护反应中，保护基在酸的催化下加热分解成乙醇和乙醛。FT-IR可以根据烷烃的2980cm^{-1}或酯键的950cm^{-1}的变化观察脱保护反应[13]。本研究中，从酯键的吸收变化中观察脱保护反应，因其吸收变化较大。图6-13显示了在600mJ/cm^{2}下曝光前后的红外吸收光谱的比较。实验证实，曝光后2150cm^{-1}处的偶氮键吸收峰和950cm^{-1}处的酯键吸收峰都消失。图6-14显示了由偶氮键的吸收变化推导出的归一化酸浓度和曝光量之间的关系。

图6-11　脱保护反应FT-IR图谱变化

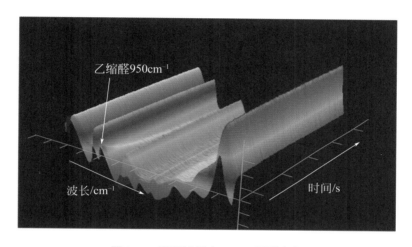

(a)PAG的分解反应

(b)脱保护反应

图6-12　反应机理

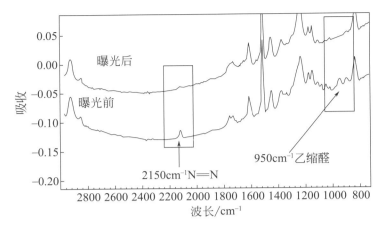

图6-13 PAG在2150cm^{-1}处的分解和950cm^{-1}处的保护基的脱保护

式（6-5）的拟合结果在图6-14表示出来，从拟合结果看，光刻胶的反应常数C为0.03778cm^2/mJ。图6-14也显示了根据酯键的吸收变化计算出的初始保护率与曝光量

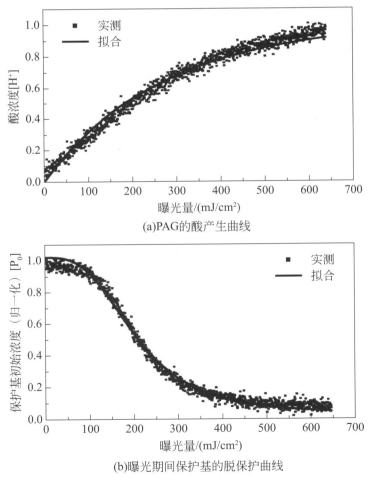

(a)PAG的酸产生曲线

(b)曝光期间保护基的脱保护曲线

图6-14 曝光期间酸的生成和保护基的脱保护

之间的关系。曝光期间的脱保护反应常数也是根据式（6-13）由曝光量和曝光后保护基浓度之间的关系计算得出，如下所示：

$$[P_0] = \cfrac{1}{\left(1 + \cfrac{E}{a}\right)b} \tag{6-13}$$

式中，$[P_0]$ 是曝光后保护基的初始归一化浓度；E 是曝光量，mJ/cm^2；a 和 b 是常数。

拟合结果：$a=206.55$，$b=3.095$。这就得到了在 $30mJ/cm^2$ 曝光量下，曝光后保护基的归一化浓度 $[P_0]=0.98$。结果显示在所研究的光刻胶和曝光量下，曝光时几乎没有发生脱保护反应。

6.2.3.2　PEB中的脱保护反应

通过观察 $950cm^{-1}$ 处的酯键吸收，可以推测 PEB 期间的脱保护反应。图6-11显示了 110℃ 下 PEB 的红外光谱数据。由于脱保护反应，酯键的吸收随着 PEB 时间的推移而逐渐减少。图6-15显示了 PEB 温度为 34～110℃ 时保护基归一化浓度和 PEB 时间的关系。另外，还显示了 Spence 模型的拟合结果。

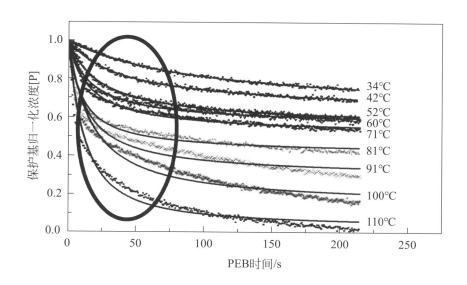

图6-15　保护基归一化浓度和PEB时间之间的关系（比较Spence模型的拟合结果）

6.2.4　新脱保护反应模型的提出和对脱保护反应的分析

Spence模型[11]的拟合结果显示，在 34℃ 和 60℃ 之间的相对低温下，测量结果和拟合结果有很好的一致性，但是在 71℃ 和 110℃ 之间的高温范围内有明显的差异，特别是在刚开始烘烤时。这是因为，在烘烤的早期阶段，晶圆温度迅速上升，脱保护反应迅速发生，酸的失活和蒸发同步进行。尽管在Spence模型中考虑到了酸失活效应，但酸失活反应应该是碱添加剂热扩散捕获酸、酸本身的寿命和酸蒸发等多种因素的复杂作用的结果。本实验中使用的PAG产生的酸是一种磺酸，它相对容易蒸发。这种酸的蒸发预计会随着晶圆温度的快速上升而迅速发生，特别是在烘烤初期。另外酸本身寿命的影响可能有不同的反应机理。因此，我们把酸的蒸发效应从Spence模型中的酸失活效应中分离出来，进行新的建模。

考虑到酸蒸发的酸失活模型：

$$[H^+] = \frac{H_q}{[K_{loss}t\exp(-K_{eva}t)+1]} \tag{6-14}$$

式中，$[H^+]$是归一化酸浓度；K_{loss}是酸失活反应常数，s^{-1}；K_{eva}是酸蒸发反应常数，s^{-1}；t是PEB时间，s。基于LTJ模型的拟合结果显示在图6-16。在所有温度区域都获得了极为良好的拟合。表6-2显示了拟合的结果。

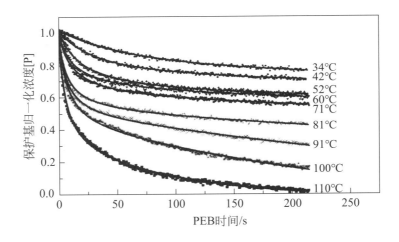

图6-16　保护基归一化浓度与PEB时间的关系（基于LTJ模型的拟合结果）

表6-2　使用LTJ模型的拟合结果

温度/℃	K_{dp}/s^{-1}	K_{loss}/s^{-1}	$K_{eva}\times10^{-4}/s^{-1}$	RMS
34	0.0344	0.0084	0.10	0.01148
42	0.8108	0.0203	0.99	0.01617
52	0.1740	0.0351	2.18	0.02112
60	0.2893	0.0635	6.57	0.02590
71	0.3332	0.0634	6.49	0.04343

温度/℃	K_{dp}/s^{-1}	K_{loss}/s^{-1}	$K_{eva} \times 10^{-4}/s^{-1}$	RMS
81	0.7060	0.1081	11.53	0.04719
91	0.8119	0.1095	22.17	0.08213
100	0.9002	0.1127	34.02	0.08954
110	1.1719	0.1263	52.16	0.03881

例如，在110℃时，脱保护反应常数为1.17190s^{-1}，酸失活反应常数为0.1265s^{-1}，而酸蒸发反应常数为0.0052s^{-1}，表明酸蒸发反应的反应速率仅为脱保护反应的0.44%。由于得到了很好的拟合结果，可从反应速率常数的阿伦尼乌斯图中计算出活化能和酸扩散常数（图6-17）。为了计算活化能和酸扩散常数，由Jeffrey Byers和John Petersen提出的Byers-Petersen模型（拜尔斯-彼得森模型）[14-17]被扩展，该扩展模型不仅可用来计算脱保护反应速率，而且可以计算出酸失活反应速率及酸蒸发反应速率。

脱保护反应：

$$\frac{\partial [P_{amp}]}{\partial t} = -K_{dp}[H^+][M] \tag{6-15}$$

$$K_{dp} = \frac{K_{amp} K_{amp\text{-}diff} D_{amp}}{K_{amp} + K_{amp\text{-}diff} D_{amp}} \tag{6-16}$$

$$K_{amp} = A_{r_{amp}} \exp\left(-\frac{E_{a_{amp}}}{RT}\right) \tag{6-17}$$

$$K_{amp\text{-}diff} = A_{r_{amp\text{-}diff}} \exp\left(-\frac{E_{a_{amp\text{-}diff}}}{RT}\right) \tag{6-18}$$

$$D_{amp} = A_{r_{D_{amp}}} \exp\left(-\frac{E_{a_{D_{amp}}}}{RT}\right) \tag{6-19}$$

酸失活反应：

$$\frac{\partial [P_{loss}]}{\partial t} = -K_{loss}[H^+][M] \tag{6-20}$$

$$K_{loss} = \frac{K_{stall} K_{stall\text{-}diff} D_{stall}}{K_{stall} + K_{stall\text{-}diff} D_{stall}} \tag{6-21}$$

$$K_{\text{stall}} = A_{r_{\text{stall}}} \exp\left(-\frac{E_{a_{\text{stall}}}}{RT}\right) \qquad (6\text{-}22)$$

$$K_{\text{stall-diff}} = A_{r_{\text{stall-diff}}} \exp\left(-\frac{E_{a_{\text{stall-diff}}}}{RT}\right) \qquad (6\text{-}23)$$

$$D_{\text{stall}} = A_{r_{D_{\text{stall}}}} \exp\left(-\frac{E_{a_{D_{\text{stall}}}}}{RT}\right) \qquad (6\text{-}24)$$

酸蒸发反应：

$$\frac{\partial[P_{\text{eva}}]}{\partial t} = -K_{\text{eva}}[\text{H}^+][\text{M}] \qquad (6\text{-}25)$$

$$K_{\text{eva}} = \frac{K_{\text{dispa}} K_{\text{dispa-diff}} D_{\text{dispa}}}{K_{\text{dispa}} + K_{\text{dispa-diff}} D_{\text{dispa}}} \qquad (6\text{-}26)$$

$$K_{\text{dispa}} = A_{r_{\text{dispa}}} \exp\left(-\frac{E_{a_{\text{dispa}}}}{RT}\right) \qquad (6\text{-}27)$$

$$K_{\text{dispa-diff}} = A_{r_{\text{dispa-diff}}} \exp\left(-\frac{E_{a_{\text{dispa-diff}}}}{RT}\right) \qquad (6\text{-}28)$$

$$D_{\text{dispa}} = A_{r_{D_{\text{dispa}}}} \exp\left(-\frac{E_{a_{D_{\text{dispa}}}}}{RT}\right) \qquad (6\text{-}29)$$

表6-3显示了从阿伦尼乌斯图中得到的每个反应速率常数对应的活化能、频率因子。结果显示，在61℃时，每个反应速率常数的反应速率是不同的。低温区的活化能比高温区高，表明高温区是酸扩散的控制区，低温区是脱保护反应的控制区。这一结果证实了Yamana等的报道[17-18]。高温区域的活化能分别为：脱保护反应5.36kcal/mol，酸失活反应3.54kcal/mol，酸蒸发反应12.49kcal/mol。

表6-3　活化能和频率因子的拟合结果

反应速率常数		活化能 E_a/（kcal/mol）	频率因子 A_r/s⁻¹
K_{dp}	高温区	5.36	7.19
	低温区	14.74	21.03
K_{loss}	高温区	3.54	2.59
	低温区	15.81	21.13
K_{eva}	高温区	12.49	11.14
	低温区	29.68	37.51

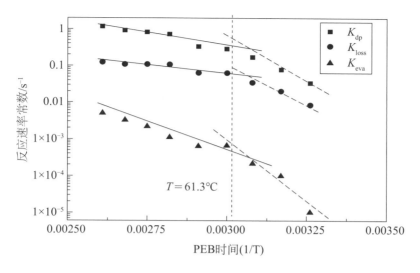

图6-17　阿伦尼乌斯图

6.2.5　小结

我们把以前报道过的带烘烤板的FT-IR光谱仪[5-8]，改进成更接近真实PEB系统的近距离烘烤装置。新装置中晶圆被插入烘烤板后，晶圆被晶圆固定杆紧压在烘烤板上，能更真实地反映PEB温度。因为前人提出的脱保护反应模型不能充分体现脱保护反应的细节，我们提出了一个新脱保护反应模型。通过将酸蒸发作用纳入Spence模型，在更广泛的PEB温度范围内获得了良好的拟合结果。得到的速率常数被绘制在阿伦尼乌斯图上，并使用Byers-Petersen扩展模型计算和比较活化能。结果证实，不仅在脱保护反应中，而且在酸失活反应和酸蒸发反应中，都存在一个酸扩散速率控制区域和一个源于反应本身的反应速率控制区域。酸失活反应和酸蒸发反应的活化能高于脱保护反应。今后，在模型中有必要考虑碱中和剂的影响。

6.3　曝光过程光刻胶的脱气

在半导体和液晶显示器的制造过程中，分子水平的化学污染正变得越来越突出。特别是最近，曝光过程中从光刻胶中产生的气体已成为一个主要问题。它吸附在透镜和反射镜上并使其雾蒙[19-20]。始于1987年Ito等的开创性工作[21]，酸催化的化学增幅型光刻胶，现在是制造亚微米半导体器件的关键材料。在正性化学增幅光刻胶中，光化学反应使光致产酸剂（以下用PAG表示）产生酸，它在曝光后烘烤过程（以下用PEB表述）过程中充当催化剂作用，去除保护基团。随后是显影过程，脱去了保护基的树脂溶解在显影液中，形成光刻胶图形[22-24]。在曝光中，由于PAG的光解作用，会发生脱气现象。近年来为了减少曝光后延迟（PED）的影响，采用具有低活化能的保护基团[25]。而具有低活化能保护基团的光刻胶树脂在曝光时很容易发生脱保护反应，并导致脱气[26]。因此，了解曝光中光刻胶脱气的程度，对于考虑脱气的影响非常重要。近年来，利用石英晶体微天平（quartz crystal microbalance，QCM）进行脱气分析的报道很多[20,27-29]。我们将白井等的方法[29]应用于研究248nm的曝光。UVES-2000是一个配备了汞氙灯，用于分析248nm曝光的系统。通过测量248nm曝光下乙缩醛化学增幅光刻胶的质量变化，在原位分析了脱气的程度以及在何种曝光量下发生脱气。同时，在曝光室中安装了一个气体收集装置[30]，将脱出的气体吸附在TENAX吸附剂上[31]，并通过GC-MS分析其成分。更进一步，我们使用PAGA-100（一种使用FT-IR的脱保护反应分析系统）观察了曝光期间的原位脱保护反应[32,35]，并研究了脱气和脱保护反应之间的关系。

6.3.1　利用QCM观察曝光过程光刻胶质量变化

使用QCM装置对曝光中光刻胶的质量变化进行了原位研究。光源是一个装有248nm滤波器（FWHM=5nm）的汞氙灯（Hoya Schott制），通过滤波器得到的248nm光被照射到基板上，光斑的曝光面积为10mm²，均匀度为±10%。曝光量是通过分束器在原位测量功率计，控制快门的时间来保证曝光量与预设能量一致。光照强度在248nm处为1.0mW/cm²。UVES-2000的QCM质量分析单元概要图和外观照片示于图6-18，由QCM测量室、电脑、频率计和电压表组成。它们通过GPIB接口互相连接。将涂覆有光刻胶的QCM基板设置在QCM测量室，用氮气置换测量室内部的空气。然后将其移入光路，打开快门以曝光基板，同时测量光照量和共振频率之间的关系。本装置为对应细微的质量变化，使用了一个共振频率为9MHz的QCM基板。

当物质黏附在石英晶体的电极表面时，共振频率随物质的质量而变化。因此，当光照射到涂有光刻胶的基板上时，由于光化学反应引起脱气，共振频率随着薄膜质量的减少而增加。共振频率变化和质量变化之间的关系由Sauerbey方程显示[36-37]：

$$\Delta F = -\frac{2F_0^{\,2}}{A\sqrt{\mu\rho}}\Delta m \qquad (6-30)$$

式中，ΔF是频率的变化；F_0是传感器的频率；A是电极面积；μ是石英晶体的剪切应力；ρ是晶体的密度；Δm是质量的变化。

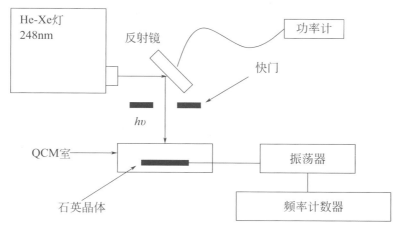

（a）QCM质量分析装置

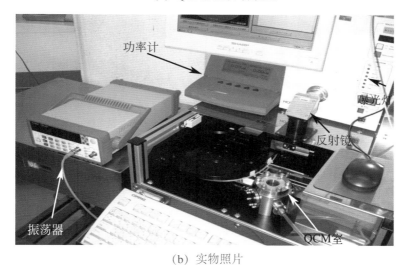

（b）实物照片

图6-18　UVES-2000的QCM质量分析单元概要图和外观照片

6.3.2　利用GC-MS分析曝光过程光刻胶的脱气

6.3.2.1　脱气实验

图6-19为脱气收集装置。图6-19（a）所示为脱气收集室。脱气收集室是一个封闭室，使用超纯氮气作为载气。收集室顶部有一个石英窗，通过该窗曝光样品。曝光期间产生的气体与载气一起被输送到含有TENAX/TA[31]的吸收管中进行吸附。为了防止腔体内部的污染，在腔体内部设置了烘烤板，每次收集结束后在200℃下空烧烘烤，以清洁在腔体内壁的吸附气体。一个带状加热器缠绕在管路上，直到吸收器。它可以加热管路以防止气体成分吸附在管路内壁。

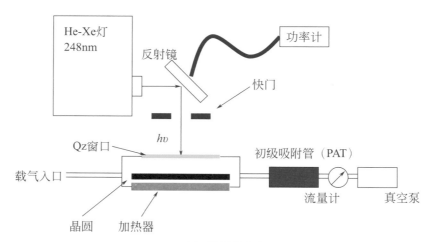

（a）脱气收集室

（b）实物照片

图6-19 脱气收集装置

表6-4显示了吸附剂的类型和特点。

表6-4 吸附剂的类型和特点

吸附剂类型	沸点范围	孔径大小/nm	应用	炉温
玻璃棉	400℃或以上	—	高沸点化合物	423℃或以下
TENAX/GC	400℃以下	720	一般	358℃以下
TENAX/TA	400℃以下	2000	一般	358
TENAX/GR	400℃以下	—	含水分的样品	358℃或以下
碳纤维	100℃以下	—	残留的溶剂	358℃或以下
硅胶	200℃以下	—	多用途	358℃或以下

TENAX/GC 和 TENAX/TA 是由聚2,6-二苯基苯胺制成的，当样品中有大量的水时，吸附剂会膨胀以致载气无法通过。TENAX/GR 是由含有30%石墨的聚2,6-二苯基苯胺制成，即使在有大量水存在的情况下，也不会使吸附剂膨胀而影响载气的通过。TENAX/TA 通常用于收集光刻胶的脱气[31]。

6.3.2.2　分析曝光时光刻胶的脱气

使用居里点取样器（以下简称P&T，日本分析工业公司制造）对收集到的气体样品进行加热解吸，并通过GC-MS进行分析[30]。图6-20为居里点取样器示意图。

P&T系统使用加热器对样品（收集管）进行加热，载气则携带样品中的挥发性物质，通过一个8通阀将其截留在二级收集管中。二级收集管用液氮进行冷却。然后二级收集管被加热到居里点，对吸附的成分进行热解吸，直接进行GC分析。这个系统的优点是通过居里点加热使挥发物瞬间气化，气化的气体可以以脉冲形式进入GC分析室[30]。

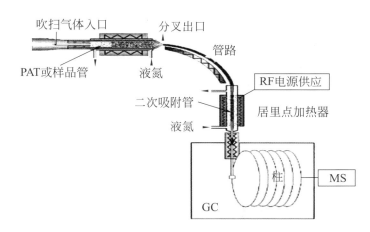

图6-20　居里点取样器示意图

6.3.3　利用FT-IR观察曝光过程的脱保护反应

用于分析曝光过程光刻胶脱保护反应的系统已在2003年日本光聚合物会议上进行了详细介绍[35]。FT-IR配备了一个Hg-Xe光源，由透镜通过测量路径中间的248nm滤光片（半宽5nm），并通过分光器与晶圆成直角进行照射。晶圆表面的光照强度为$1.0mW/cm^2$。

6.3.4　实验与结果

6.3.4.1　通过QCM观察曝光过程的脱气情况

利用QCM，研究了248nm化学增幅型光刻胶曝光过程中质量的变化。测试中使用的光刻胶是带有缩醛保护基的PHS树脂的248nm化学增幅型光刻胶，PAG是二（4-氯苯基磺酰基）重氮甲烷（DCPSD）。

将光刻胶涂覆在直径14mm的QCM基板上，厚度为700nm，并在90℃下预烘烤90s。PAG曝光的反应机理和曝光过程保护基团的脱保护反应可参见图6-12。实验条件见表6-5。

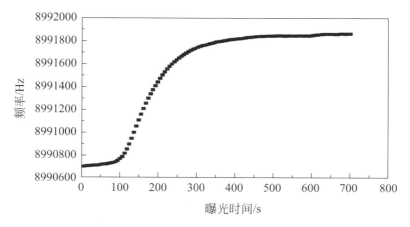

（a）曝光时间和共振频率之间的关系

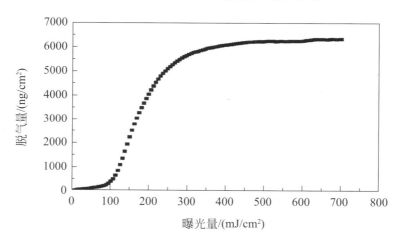

（b）脱气量和曝光量之间的关系

图6-21　产生的脱气量

表6-5　实验条件

光刻胶	KrF CA 光刻胶
基础树脂	PHS
保护基	乙缩醛
PAG	二（4-氯苯基磺酰基）重氮甲烷（DCPSD）
预烘烤	90℃，90s
厚度	700nm
曝光	1.0mW/cm², 248nm

使用UVES-2000对该光刻胶进行曝光，根据曝光期间QCM基板共振频率的变化使用Sauerbey方程[36,37]计算光刻胶的质量变化。图6-21（a）显示了曝光时间和共振频率之间的关系。图6-21（b）显示了单位面积的脱气量（质量变化）与曝光量之间的关系。

本次测试的光刻胶在大约100mJ/cm^{2}的曝光量时质量开始减少（脱气），在大约300mJ/cm^{2}时脱气几乎完成。

6.3.4.2　GC-MS分析脱气成分

将一个涂上厚度为700nm光刻胶的6in硅基板，放置在UVES-2000脱气收集室中。1次曝光区域大小为10mm×10mm，9次曝光。以每次600mJ/cm^{2}的曝光量，确保脱保护反应充分进行。吹扫气体是高纯N_2，以1L/min的速度进入收集室，真空泵同样以1L/min的速度抽入收集管。使用P&T仪器（JTD-505，日本分析工业公司制）对收集的气体进行解吸。收集管设置在事先加热到230℃的P&T中，吹扫和捕集10min，将解吸的挥发物吸附并浓缩在冷却到−60℃的填满石英棉的二级捕集管中。然后通过高频感应加热（居里点加热），在255℃下对捕获的挥发物进行热解吸，并将其引入GC-MS进行分离分析。

GC-MS的型号和条件如下所示。

GC-MS：GC-17A/QP-5000（岛津公司制）

分离柱：DB-WAX（0.25mm×60mm）

柱子的流速为：1.0L/min，分叉口取样比例为1：50。加入6mg的C_{14}（十四烷$C_{14}H_{30}$）作为内标。收集和分析来自硅基板本身的脱气作为空白样，并通过从曝光样中减去空白样来校正结果。图6-22是标准品Mass98的色谱图（保留时间15～24min），很好地得到了C_{14}的色谱峰。

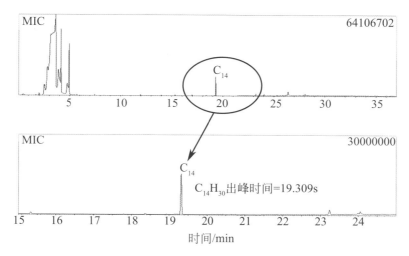

图6-22　标准品Mass 98的色谱图

图6-23显示了KrF化学增幅型光刻胶曝光过程中的脱气色谱。表6-6为光刻胶脱气成分的分析结果。主要的脱气成分是PGMEA、乙醇、乙醛、二氯甲烷和丙酮。

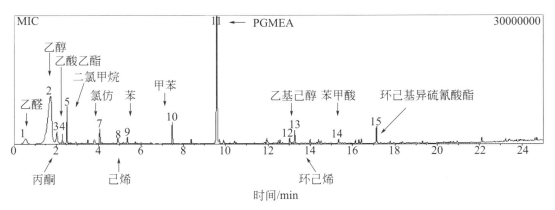

图6-23　KrF化学增幅型光刻胶在曝光过程中脱气色谱图

表6-6　脱气成分的分析结果

材料	未曝光				曝光				曝光–未曝光
	面积	比例/%	脱气量/ng	单位面积脱气量/（ng/cm²）	面积	比例/%	脱气量/ng	单位面积脱气量/（ng/cm²）	单位面积脱气量/（ng/cm²）
乙醛	0	0.00	0	0	11912631	3.18	1621	180	180
乙醇	0	0.00	0	0	154662139	41.31	21049	2339	2339
丙酮	6910112	6.53	940	104	12338918	3.30	1679	187	83
乙酸乙酯	0	0.00	0	0	3935353	1.05	536	60	60
二氯甲烷	0	0.00	0	0	12966561	3.46	1765	196	196
氯仿	0	0.00	0	0	7314641	1.95	996	111	111
己烯	3014700	2.85	410	46	4487028	1.20	611	68	22
苯	0	0.00	0	0	3877372	1.04	528	59	59
甲苯	9156837	8.65	1246	138	10243687	2.74	1394	155	17
PGMEA	64728111	61.13	8809	979	130656222	34.90	17782	1976	997
乙基己醇	3673763	3.47	500	56	3537539	0.94	481	53	−3
环己烯	5757509	5.44	784	87	5599181	1.50	762	85	−2
苯甲酸	3231393	3.05	440	49	3351744	0.90	456	51	2
环己基异硫氰酸酯	9418582	8.89	1282	142	9536458	2.55	1298	144	2
共计	105891007	100	14411	1601	374419474	100.00	50957	5664	4061

图6-24显示了未曝光和曝光光刻胶的脱气成分，图6-25显示了单位面积光刻胶的脱气量的比较。在曝光的光刻胶中检测到PGMEA为1976ng/cm²，这来自光刻胶中的溶剂挥发。乙醇和乙醛的检测值分别为2339ng/cm²和180ng/cm²。这些脱气可能是由于光刻胶使用的保护基（乙缩醛）活化能低，以至曝光过程中发生脱保护反应。还检测到可能是由PAG分解产生的二氯甲烷。脱气量为5664ng/cm²，这与通过QCM测量得的脱气量（6347ng/cm²）相差不大。这表明通过QCM测得的大部分质量变化是脱气带来的。

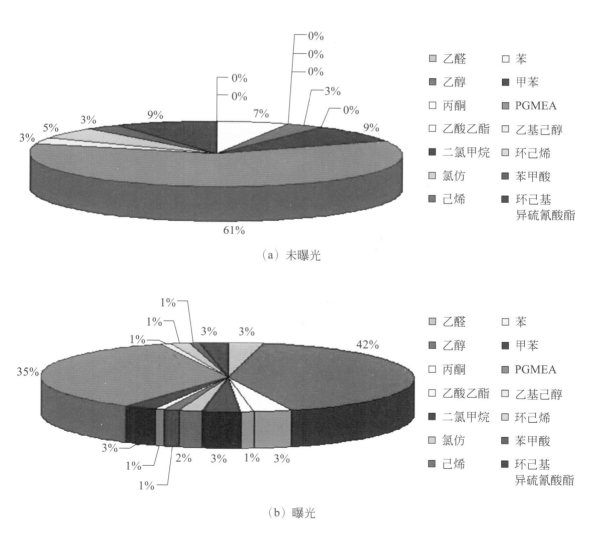

（a）未曝光

（b）曝光

图6-24　脱气的成分比例

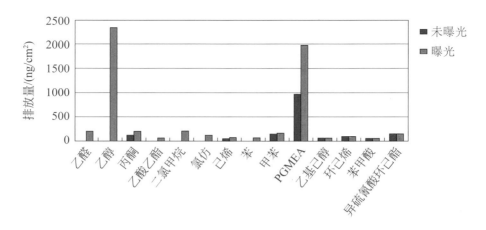

图6-25 脱气中各成分的排放量

6.3.4.3 用FT-IR观察曝光过程光刻胶的脱保护反应

图6-26显示了通过FT-IR测量的曝光量和保护基浓度之间的关系。可以看出，脱保护反应大约从100mJ/cm²的曝光量开始，到300mJ/cm²时几乎完成。

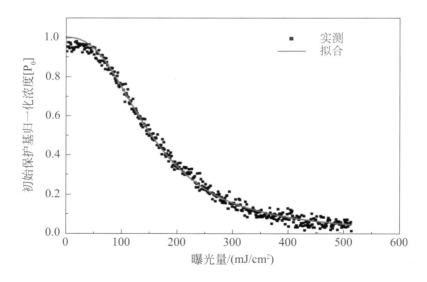

图6-26 曝光量和初始保护基浓度之间的关系

使用式（6-31）所示的曝光量和保护基团关系公式，可以得到a=154.1631，b=2.530429。

$$[P_0]=\frac{1}{1+\left(\dfrac{E}{a}\right)^b} \tag{6-31}$$

在图6-21（b）和图6-26中，通过消除相同数量的曝光量，得到脱气量与保护基浓度的关系，如图6-27所示。这表明，从QCM的质谱分析中得到的气体主要是脱保护反应造成的。

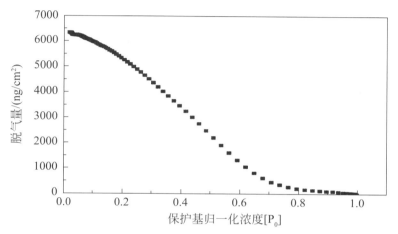

图6-27　脱气量与保护基浓度之间的关系

6.3.5　小结

连接QCM质量分析单元到配备有汞氙灯光源的248nm曝光反应设备上，分析检测曝光过程光刻胶的质量变化，确定曝光期间248nm化学增幅型光刻胶的脱气量。曝光时从光刻胶中脱出的气体被收集在TENAX吸附剂上，使用GC-MS鉴定其成分。同时，用脱保护反应分析仪PAGA-100观察光刻胶的反应，并研究了脱气和脱保护反应之间的关系。QCM分析的结果表明，在约100mJ/cm^{2}的曝光量下开始脱气，到300mJ/cm^{2}时几乎结束。根据FT-IR对脱保护反应的观察，该质量变化被确定为脱保护反应导致的。从GC-MS的结果来看，脱气的主要成分被证实是脱保护反应产生的PGMEA、乙醇和乙醛。使用这个分析装置，证实了有可能通过质量变化了解曝光过程中光刻胶的脱气。

6.4　ArF光刻胶

本节对ArF化学增幅型光刻胶进行概述。由于KrF光刻胶采用的聚羟基苯乙烯树脂（PHS）在193nm处有强吸收，不能用于193nm的曝光。因此，选择了在193nm处没有吸收的脂环族聚合物［Poly（AdMA-*t*BuMA）］作为ArF光刻胶的基础树脂。聚羟基苯乙烯树脂和脂环族聚合物在193nm处的透过率比较见图6-28。

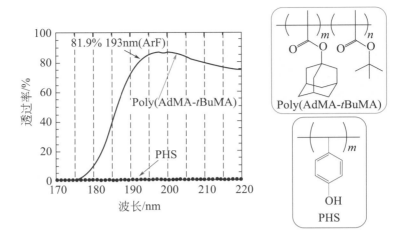

图6-28　聚羟基苯乙烯树脂和脂环族聚合物在193nm处的透过率比较

脂环族聚合物包括丙烯酸类、环烯烃类和COMA类等（图6-29）。

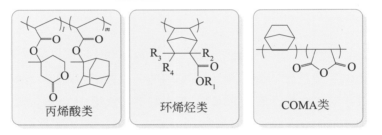

图6-29　脂环族聚合物的类型

表6-7和表6-8显示了三种聚合物的ArF光刻胶的特性。环烯烃、COMA和丙烯酸在193nm处的透过率很高。其中，环烯烃的耐蚀刻性比其他材料要高。另外，丙烯酸树脂的分辨率更高。从单体合成的难易程度和分子量控制的角度来看，丙烯酸类相对更容易处理。

表6-7　不同树脂体系中ArF光刻胶的特性（一）

树脂种类	透过率	耐蚀性	保存稳定性	分辨率
环烯烃类	○	◎	○	△～×

树脂种类		透过率	耐蚀性	保存稳定性	分辨率
COMA类	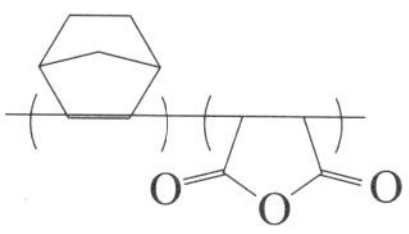	○	○	△~×	○
丙烯酸类	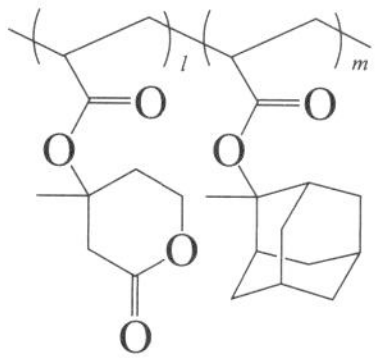	○	△	○	◎

注：◎—很好；○—好；△——一般；×—不好。

表6-8　不同树脂体系中ArF光刻胶的特性（二）

树脂种类		单体合成	共聚合性	分子量可控性	保存稳定性
环烯烃类	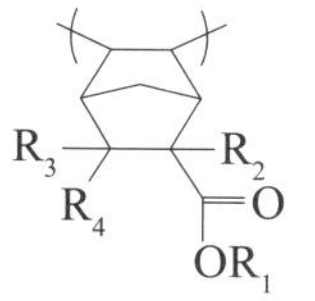	○~△	○	△	○
COMA类	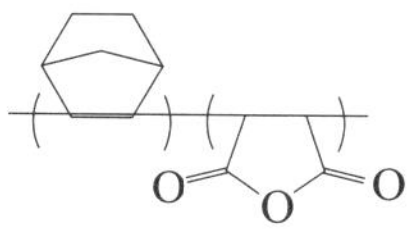	○~△	○	○~△	△~×
丙烯酸类	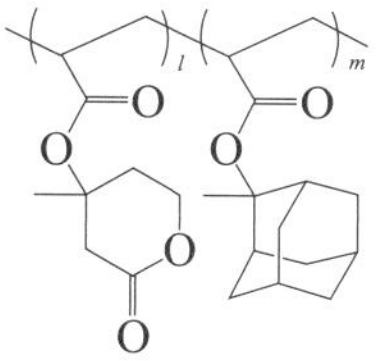	○	◎	◎	○

注：◎—很好；○—好；△——一般；×—不好。

ArF光刻胶树脂的基本结构如图6-30所示。一般来说，内酯结构是最常用的，另外还有酸吸收脱离基团以及亲水基团等。

也有特殊的结构，如聚合物主链分解型、酚羟基型和对LER有利的PAG结合型（图6-31）。

KrF到ArF光刻胶的主要区别是不同的溶解机理（图6-32）。与KrF光刻胶中酚羟基起溶解功能相比，ArF光刻胶中主要是羧酸。酚类的羟基$pK_a=10$，而羧酸的$pK_a=3$，其酸性较高。这增加了不均匀溶解和形成缺陷的风险。

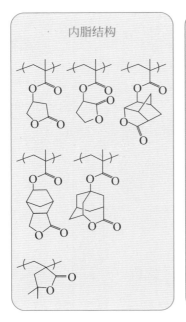

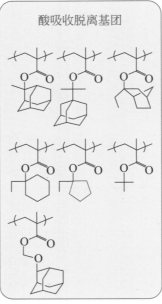

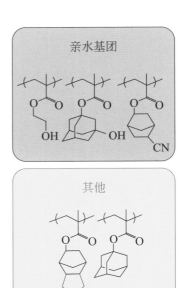

图6-30　ArF光刻胶树脂的基本结构（一）

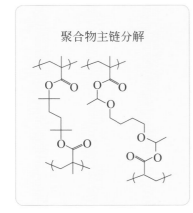

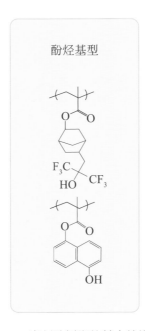

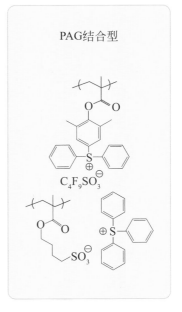

图6-31　ArF光刻胶树脂的基本结构（二）

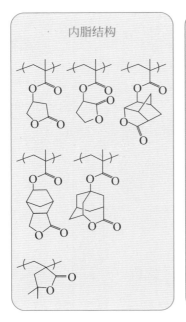

130　　光刻胶材料评测技术——从酚醛树脂光刻胶到最新的EUV光刻胶

● 溶解机理不同 ⟶ 异物（缺陷）发生的风险

KrF：酚羟基[pK_a=10]

ArF：羧酸[pK_a=3]

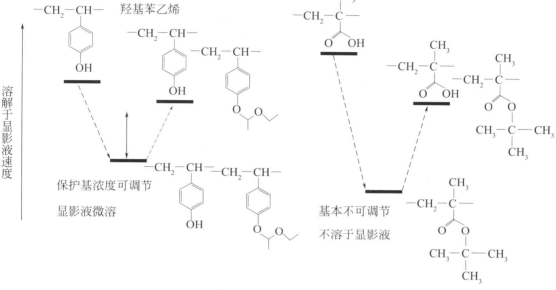

图6-32　KrF和ArF光刻胶的溶解机理比较

6.5　PAG的产酸反应

　　酸催化的化学增幅型光刻胶始于1987年Ito等的研究[1]，现在已是制造亚微米半导体器件的关键。在此期间，有各种各样的研究来提高化学增幅型光刻胶的分辨率和环境稳定性[38-40]。对正性化学增幅光刻胶，光化学反应从光致产酸剂（PAG）中产生酸，它在曝光后烘烤（PEB）中作为催化剂，催化脱保护基反应。因此，准确理解PAG在曝光过程中酸产生的反应对光刻胶的开发和工艺优化都非常重要。基于此，我们研究了在曝光KrF光刻胶过程中的酸产生反应[38,39]。本节中，我们将带有KrF曝光系统的FT-IR光谱仪更换成ArF准分子激光光源，研究ArF光刻胶中PAG的酸生成反应。为了测试只从PAG中产生的酸，在没有保护基团的甲基丙烯酸三环酯单体中加入0%、2%、4%和8%的三氟甲基磺酸三苯基锍作为PAG，观察其酸生成反应。

6.5.1 实验装置

图6-33是实验装置照片。193nm的准分子激光光源从上方引入。将晶圆与测量的红外光路成45°角安装，可以提高测量灵敏度[38,39]。

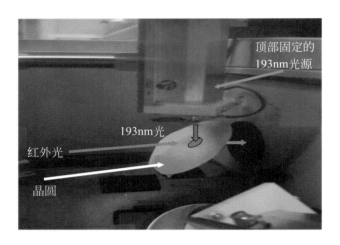

图6-33 带有ArF准分子激光光源的FT-IR装置的照片

本实验中使用的光源是ArF准分子激光光源（Ushio电机公司制，图6-34），它发射的真空紫外线的单色波长为193nm[40]。该光源由一个充满氩气和氟的灯泡和一个施加脉冲高电压的电源组成。

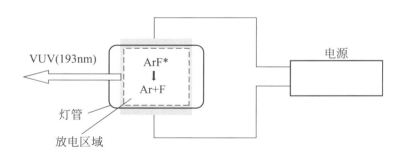

图6-34 ArF准分子激光光源

密封在灯管中的氩和氟被灯管外的一对电极上的脉冲高电压激发，形成ArF准分子激光光源。它在193nm处发出VUV，并迁移到基态。这种光源的发射光谱如图6-35所示。

193nm辐照的光谱宽度为3nm。在本实验中，用VUV光照计（VUV-S172，Ushio制）测得基板上的光照强度为0.8mW/cm^2，波动小于±10%。

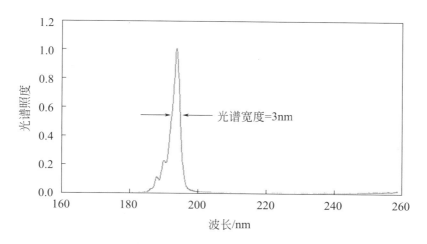

图6-35　ArF准分子发射灯的光谱

6.5.2　实验与结果

为了只观察ArF曝光时PAG的酸产生反应，特别准备了一种光刻胶实验样品。其基础树脂只是一种单体，甲基丙烯酸三环[5.2.1.02，6]癸-8-基酯（TCDAMA），不是聚合物。光致产酸剂三氟甲基磺酸三苯基锍（以下简称TPS-OTf）以0%、2%、4%和8%比例加入。这种特制样品，在曝光过程中不会发生脱保护反应，只能跟踪纯粹PAG的酸生成反应。它们的结构式如图6-36所示。

(a) 基础树脂（TCDAMA）　　　　　(b) PAG：三氟甲基磺酸三苯基锍(TPS-OTf)

图6-36　实验中使用的ArF光刻胶的结构式

在晶圆表面的ArF曝光强度约为$0.8mW/cm^2$。图6-37（a）显示了不同PAG浓度下曝光前后的差异光谱，图（b）显示了$1270cm^{-1}$（8%的PAG浓度）处的峰值随曝光时间的变化。$1270cm^{-1}$处的吸收变化显示了磺酰氟（—SO_2F）的减少。J.V.Crivello等已经报道了 TPS-OTf 曝光下的酸生成反应。图 6-38 是 TPS-OTf 的曝光酸生成反应机理。一般认为，该酸是通过 PAG 直接激发或通过聚合物基体吸收的光子的电子转移的增感机制产生的[40]。

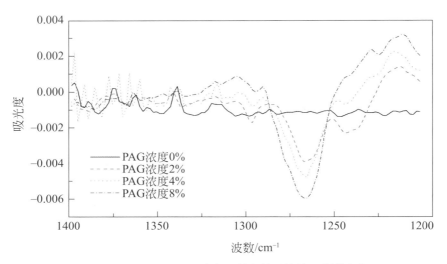

(a)不同 PAG 浓度下曝光前后的差异光谱变化

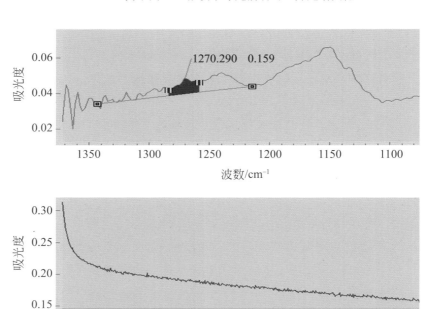

(b) 1270cm^{-1}（8%的PAG浓度）处的峰值随曝光时间的变化

图6-37 8% PAG 浓度下的光谱和光谱随时间的变化（1270cm^{-1}处）

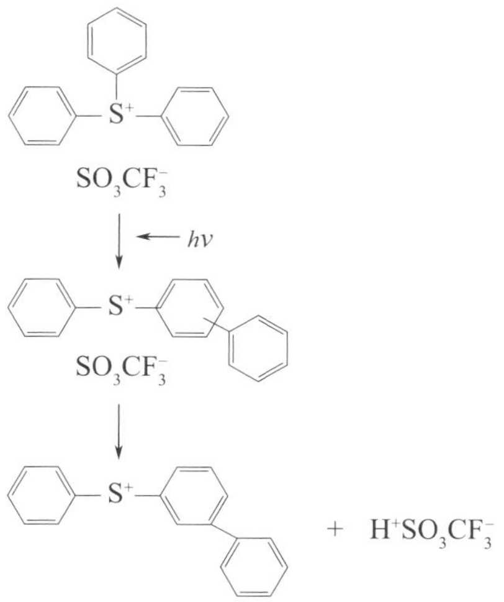

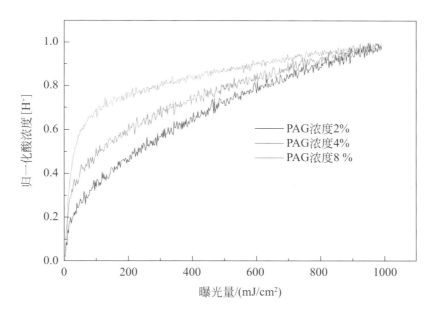

图6-38　PAG的光分解反应

图6-39显示了100℃预烘烤时曝光量和归一化酸浓度之间的关系。当曝光量为1000mJ/cm²时，归一化酸浓度[H⁺]被设置为1。

図6-39　曝光量与归一化酸浓度的关系

6.5.3　分析与讨论

表6-9显示了在预烘烤温度分别为80℃、100℃和120℃时的酸生成反应常数 *C*（Dill

参数中的 C），C 是根据式（6-32）从酸生成反应曲线计算出来的。

$$[\text{H}^+]=1-\exp(CE) \qquad (6\text{-}32)$$

结果显示，C 值不随预烘烤温度的变化而变化，但随着 PAG 浓度的增加而增加（图 6-40）。

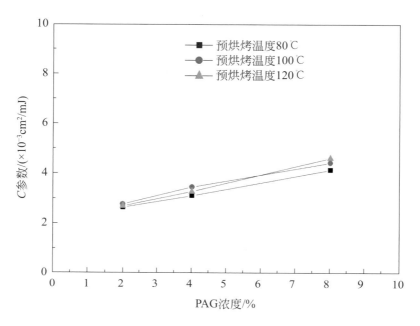

图6-40　C 参数和 PAG 浓度之间的关系

表6-9　PAG 浓度与 C 参数之间的关系

预烘烤温度	不同 PAG 浓度下的 C 参数 /（$\times 10^{-3}\text{cm}^2/\text{mJ}$）		
	2%	4%	8%
80℃	2.611	3.080	4.110
100℃	2.739	3.425	4.386
120℃	2.658	3.243	4.579

对于同一 PAG，不管 PAG 添加量多少，反应速率常数都应该是一定值。根据 Spence 模型[41]，经过足够量的曝光后，无论产生多少酸，酸浓度都会归一化为 1。因此，PAG 浓度越高，每单位曝光时间的产酸量就越高，计算出的表观反应速率也就越高。如果我们不使用归一化的酸浓度值，而是用产酸量重新绘制曲线，得到的结果如图 6-41 所示。

此外，还应用了一个新的模型［式（6-33）］。

$$[H^+] = \frac{[1 - \exp(-CE)]}{\{K_{loss}E[(-K_{eva}E)+1]\}} \qquad (6\text{-}33)$$

式中，$[H^+]$是酸浓度，mol/cm^2；C是Dill的C参数；E是曝光量；K_{loss}是酸失活反应速率常数；K_{eva}是酸蒸发反应速率常数。图6-41结果显示，在不同PAG浓度下，曲线的斜率几乎相同。表6-10显示了在预烘烤温度为80℃、100℃和120℃时，不同PAG浓度下的产酸反应常数C。我们发现，无论预烘烤温度和PAG的添加量如何，C都几乎相同，为$0.004cm^2/mJ$。

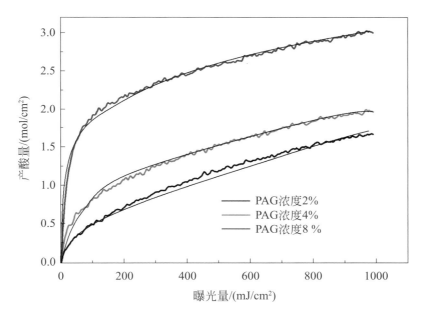

图6-41 产酸量与曝光量的关系

图中黑色细实线为根据式（6-33）新的模型模拟的结果

表6-10 PAG浓度和C参数

预烘烤温度	不同PAG浓度下的C参数/（$\times 10^{-3}cm^2/mJ$）		
	2%	4%	8%
80℃	4.061	4.093	4.121
100℃	4.158	4.118	4.254
120℃	4.261	4.109	4.392

6.5.4 小结

使用配备有193nm准分子激光光源的FT-IR系统来观察ArF曝光中PAG的酸产生反应。通过特制光刻胶样品，研究了PAG浓度在2%、4%和8%时的产酸反应，确定了Dill的 C 参数。当最大曝光时产生的酸量被设定为归一化值，导致每条曲线的斜率都发生了变化，结果对应的 C 参数不同。C 参数是酸生成反应的速率常数，无论PAG的浓度如何变化，它都应该是常数。因此，不将酸的浓度归一化，直接根据产酸量和曝光量关系曲线的斜率计算出酸生成反应常数。结果显示，无论PEB温度和PAG浓度如何改变，酸生成反应常数几乎是恒定的。通过使用该装置，可以简单地进行PAG材料种类和添加量的研究。

6.6 ArF光刻胶曝光过程的脱气

近年来，有报道ArF曝光中光刻胶脱气引起了曝光机镜片起雾等问题引发关注[43]。ASML等曝光机制造商正在制定曝光时光刻胶脱气标准，光刻胶制造商将可能被要求在其产品COA上附上脱气数据。我们一直在研究评测KrF（248nm）曝光时从KrF光刻胶中脱气的方法[44,45]。根据所积累的脱气分析技术，建立了在ArF（193nm）曝光中从ArF光刻胶中脱气的评测方法。脱气分析项目大致可分为从PAG脱气中收集的离子物质（阴离子）和从保护基脱气中收集的挥发性有机碳（VOCs）。前者使用离子色谱法（IC），后者使用气相色谱法（GC）。表6-11列出了分析项目、规格范围和分析方法。

表6-11 ArF光刻胶曝光中脱气的分析项目、规格范围和分析方法

项目	TOC_v /(mol/cm²)	TOC_{nv} /(mol/cm²)	TOC /(mol/cm²)	NV/%	S_{org} /(mol/cm²)	—RSO$_3^-$ /(mol/cm²)	F⁻ /(mol/cm²)	Cl⁻ /(mol/cm²)	Si_{org} /(mol/cm²)
规格范围	$<1.3\times10^{13}$	LDL $<3\times10^{10}$	$<1.3\times10^{13}$	0	LDL $<1.2\times10^{10}$	$<7.6\times10^{12}$	LDL $<2\times10^{11}$	LDL $<2\times10^{11}$	LDL $<9\times10^{10}$
分析方法	GC-MS	GC-MS	GC-MS	GC-MS	GC-FPD	IC	IC	IC	GC-MS

注：LDL表示低于检测限。其中，TOC_v 为总挥发性有机碳；TOC_{vn} 为总非挥发性有机碳；TOC为总有机碳；NV为 TOC_v/TOC 比率，%；S_{org} 为有机硫；—RSO$_3^-$ 为来自磺酸的磺酸盐离子；F⁻为来自HF的F离子；Cl⁻为来自盐酸的Cl离子；Si_{org} 是有机Si。苯并噻唑是色谱图中的参考成分，由于其高极性而被归类为非挥发性成分；苯并噻唑的分子量为135，TOC_{nv} 将其归类为分子量135或以上。

6.6.1 脱气收集设备和方法

6.6.1.1 收集脱气的曝光系统

图 6-42 显示了用于收集脱气的曝光系统示意图。Si 基板上涂有 ArF 光刻胶，使用开放框架曝光系统进行曝光（无图形的均匀曝光）。曝光期间产生的气体由收集溶液或吸收材料收集。然后由分析仪器根据各自的分析项目对所收集的样品进行分析。

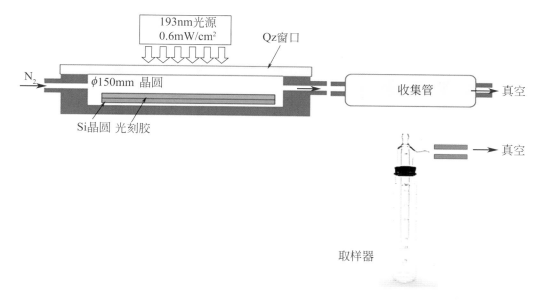

图 6-42　用于收集脱气的曝光系统

由 USHIO 公司生产的 ArF 准分子激光灯[46]（图 6-43）用作曝光光源，放置在用于收集脱气的曝光室的顶部。曝光面积为 20mm×60mm（图 6-44），光照强度为 0.6 mW/cm^2。可在晶圆上的五个位置进行曝光，曝光量为 30mJ/cm^2，分别收集每个位置的脱气（图 6-44）。配备 ArF 光源的开放框架式曝光系统如图 6-45 所示。

图 6-43　ArF 准分子灯的外观

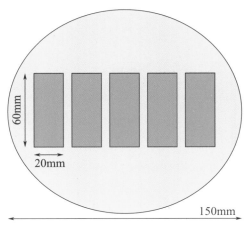

图 6-44　曝光位置和尺寸（φ150mm 晶圆）　　　　图 6-45　ArF 193nm 开放框架式曝光设备

6.6.1.2　PAG 产生的离子性脱气的收集和分析

来自 PAG 的离子性脱气需要收集和定量分析的有有机硫、RSO₃H、HF 和 HCl。有机硫很难收集，可通过收集袋来收集，而对 RSO_3H、HF 和 HCl 则是将收集液放在一个收集器中，让气体通过收集液溶解的方法。收集的样品通过离子色谱法（以下简称 IC）进行分析[47]。连接两段收集器，每段分别分析，得到的数据加合起来用作分析值。收集液为纯水，载气为高纯度的氮气。

6.6.1.3　保护基产生的 VOCs 的收集和分析

保护基产生的 VOCs 是在曝光过程中脱保护反应的产物。如果保护基活化能低，如乙缩醛，产生的气体量会更大。产生的气体由吸附剂（如 TENAX 或活性炭）收集。使用热解吸系统对收集的样品进行热解吸，并使用气相色谱-质谱仪（以下简称 GC-MS）[48]进行定性和定量分析[49]。

6.6.1.4　有机硫的收集和分析

PAG 产生的有机硫不能通过收集器进行有效收集，可直接收集在收集袋中。袋子放在真空容器中，气体直接导入袋中。收集袋中的气体直接引入气相色谱-火焰光度检测器（GC-FPD）[50]，检测出有机硫的峰值。

6.6.2　实验与结果

丙烯酸基 ArF 光刻胶被用来收集和分析曝光中的脱气，使用三氟甲基磺酸三苯基锍（TPS-OTf）作为 PAG，金刚烷（MAdMA）作为保护基。测试光刻胶被涂在一个

6in（1in=0.0254m）的硅基板上，厚度为260nm。预烘烤条件为130℃/90s。使用的溶剂是PGMEA。

6.6.2.1 从PAG产生的离子性气体的收集和分析结果

使用吸附式气体取样器收集PAG产生的离子性气体。收集速度为1L/min，收集液为纯水，载气为分析用高纯度氮气。分析项目为HF（F$^-$）、HCl（Cl$^-$）和磺酸（—RSO$_3^-$）。使用的IC分析装置是Dionex DX-500。洗脱剂是碳酸钠溶液。分离柱为ϕ4mm×250mm（Ion-Pac AS12A），探测器是电导计。在IC分析时，通过改变PAG的浓度（2%、4%和8%）来确定从PAG中获得的磺酸量。TPS-OTf的光化学反应机理参见图6-38。

图6-46显示了不同PAG浓度下磺酸的色谱分析图。图6-47显示，随着PAG浓度的增加，产生的磺酸量也在增加，表明PAG浓度和脱气量之间存在线性关系。以PAG浓度4%的样品为例，同时进行了HF（F$^-$）、HCl（Cl$^-$）的定量分析，结果见表6-12。其中HF（F$^-$）和HCl（Cl$^-$）都未能检测到。

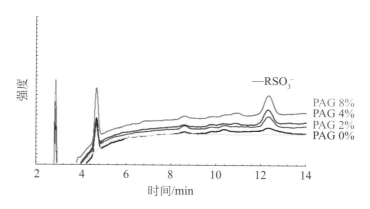

图6-46 不同PAG浓度下磺酸的色谱分析图

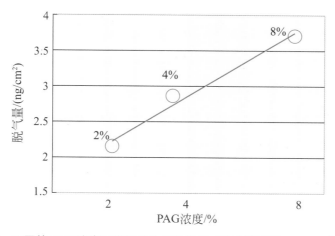

图6-47 不同的PAG浓度和脱气量之间的关系（来自磺酸的—RSO$_3^-$的测定结果）

表6-12　用IC测定PAG产生的离子性物质（阴离子）的结果

分析项目	检测量/（ng/cm^2）	脱气量/cm^{-2}
F$^-$	＜1.40	＜4×10^{13}
Cl$^-$	＜1.70	＜5×10^{13}
—SO$_3$H	2.85	3.45×10^{13}

6.6.2.2　保护基产生的VOCs的收集和分析结果

一般，吸附剂TENAX或Carbotrap（活性炭）等被用来收集曝光过程中由光刻胶产生的挥发性有机碳化合物。这里，首先要确定哪种类型的吸附剂对收集低分子量VOCs更有效，见图6-48。

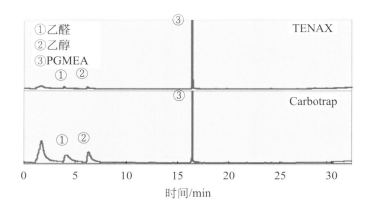

图6-48　TENAX和Carbotrap的收集效率比较

如图6-48所示，使用Carbotrap时，低分子量VOCs的收集效率更高。实验中，使用Carbotrap进行脱气收集。图6-49是测试的光刻胶的脱保护反应机理。

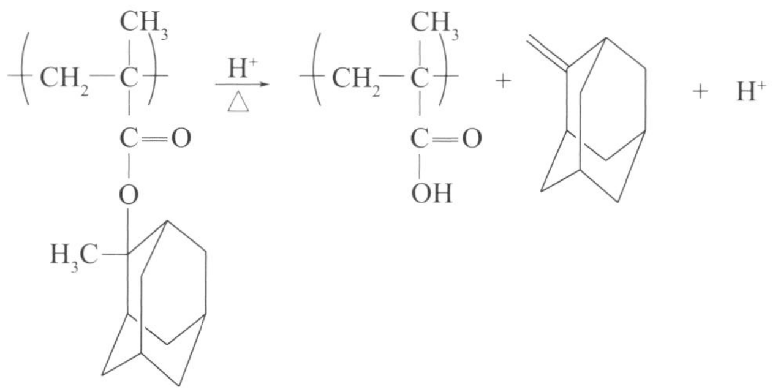

图6-49　光刻胶的脱保护反应机理

图6-50是光刻胶脱气的GC-MS色谱图。将收集管放在热脱附装置（TDU）中并迅速加热到280℃，然后将脱附的成分导入GC-MS进行分析，质谱用于对检测到的成分进行定性分析。此外，将100ng/μL的十四烷（C_{14}）标样注入GC-MS，获得一个标准峰进行定量分析。

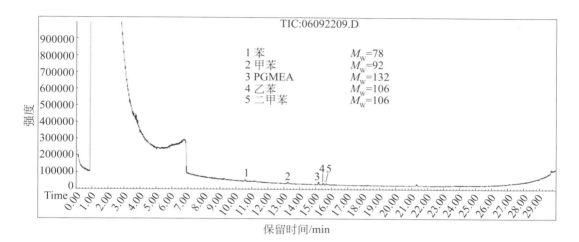

图6-50 GC-MS色谱图

TDU条件：

热脱附装置	TDU（Sperco公司制造）
脱附温度	280℃

GC-MS分析条件：

装置	HP6890+5973A（Agilent公司制造）
分析柱	SPB-1 硫黄 30m×0.32mm ID
柱温	−30℃至300℃（升温速度10℃/min）
载气	He
电离方法	电子离子化（EI）
扫描（m/z）	29～600

得到的分析结果见表6-13。脱气产生的气体量（N_s，cm^{-2}）用式（6-34）计算。

$$N_s = \frac{S_p F \times 10^{-9} A}{MS} \tag{6-34}$$

式中，N_s为单位曝光面积上脱气产生的气体分子数量，cm^{-2}；S_p为峰面积，cm^2；F为标样量与标样峰面积之比，ng/cm^2；10^{-9}为单位转换系数（ng到g）；M为成分的摩尔质量，g/mol；A为阿伏伽德罗常数，$6.022 \times 10^{23} mol^{-1}$；$S$为曝光面积，$cm^2$。

表6-13　VOC成分分析结果

分析项目	检测量/（ng/cm^2）	脱气量/cm^{-2}
TOC$_n$	0.171	9.48×10^{11}
TOC$_{nV}$	LDL	LDL
TOC	0.171	9.48×10^{11}
NV/%	0	0

注：LDL表示低于检出限。

6.6.2.3　PAG的有机硫废气收集和分析的结果

PAG产生的有机硫不能通过吸附式气体取样器进行有效收集，所以直接收集在收集袋中。袋子放置在真空容器中，气体被直接导入袋子中。分析方法是GC-FPD[50]。

分析条件如下。

仪器：GC2010（岛津）

柱子：GS-GASPRO　30m×0.25mm　ID

柱温：50℃（0min）至220℃（10min），升温速度8℃/min

载气：氦气

检测器：FPD（火焰光度检测器）

用GC-FPD分析了0.05mL、0.025mL和0.005mL的甲硫醇标样（8ppm/N$_2$平衡），生成校准曲线。注射量和有机硫浓度之间的关系是：

0.05mL → 1308ng/L

0.025mL → 654ng/L

0.005mL → 131ng/L

使用式（6-35）计算单位曝光面积上产生的脱气分子数量（N_s），由检测峰面积值和校准曲线确定气体中的成分量（ppb）。

$$N_S = \frac{CV \times 10^{-9} A}{MS}$$

（6-35）

式中，N_s为单位曝光面积上产生的气体分子数量，cm^{-2}；C为气体中的成分量，ng/L；V为气体采样量，L；10^{-9}为单位转换系数（ng到g）；M为成分的摩尔质量，g/mol；A为阿伏伽德罗常数，6.022×10^{23}mol^{-1}；S为曝光面积，cm^2。

图6-51是GC-FPD的色谱图，没有检测到任何有机硫。

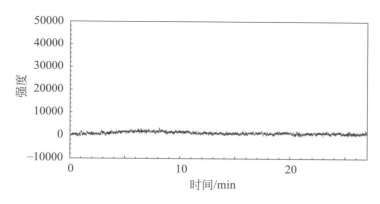

图6-51 GC-FPD的色谱图（未检测到任何有机硫）

6.6.3 分析与讨论

在表6-14和图6-52中总结了分析测量结果。图6-52柱状图中左侧显示规格基准，右侧表示测量结果。结果显示，该光刻胶的TOC_v低于参考值，但TOC_{nv}未检出。另外，由PAG来源的离子物质（阴离子）中，RSO_3H超过了规格基准。

表6-14 规格基准和测量结果的比较

项目	规格基准/cm^{-2}	测量结果/cm^{-2}	项目	规格基准/cm^{-2}	测量结果/cm^{-2}
TOC_v	1.30×10^{13}	9.48×10^{11}	RSO_3H	7.60×10^{12}	3.34×10^{13}
TOC_{nv}	0	0	HF	0	0
TOC	1.30×10^{13}	9.48×10^{11}	HCl	0	0
S_{org}	0	0			

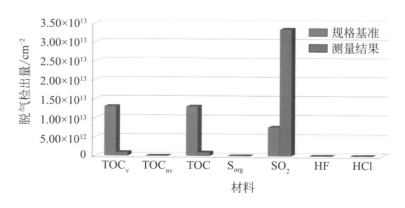

图6-52 规格基准和测量结果的比较

6.6.4 小结

研究了一种在 ArF（193nm）曝光中收集和分析 ArF 光刻胶脱气的方法。基于测试的光刻胶，与规格基准进行比较，测量结果的 TOC 值较低，但来自 PAG 的离子物质（阴离子）中，—SO₃H 含量较高。这种脱气收集系统以及收集和分析方法对评估 ArF 光刻胶曝光中产生的气体很有效。我们将应用该方法研究金刚烷以外的其他保护基和 TPS-OTf 以外的 ArF 光刻胶体系。

6.7 光刻胶在显影过程中的溶胀

已经有很多报道使用 QCM 方法研究光刻胶在显影中的溶胀行为[51-57]。我们也研究过使用 QCM 分析显影过程[58]。这里我们开发了采用 QCM 方法，精确控制显影液测量室温度的高精度光刻胶显影分析仪。它可测量使用 TBAH 显影剂（其分子大小比 TMAH 大）显影时光刻胶的溶胀行为，并与 TMAH 进行比较。据井谷等[59]报道，TBAH 显影剂在显影时的光刻胶溶胀比 TMAH 显影剂低。

TBAH 是一种分子量比 TMAH 大的季铵盐，这意味着它不太容易浸透光刻胶，有望在显影过程中减少溶胀。通常，图形越细，溶胀层在图形中的比例就越高，就越有可能发生图形塌陷或图形桥接（即图形的顶部粘在一起，图6-53）。基于这一假设，井谷等使用高速 AFM 系统研究了显影过程中的溶胀现象。局限于高速 AFM 系统的测量分辨率，无法使用 2.38% 碱浓度的标准显影液（TMAH），不得不稀释约 10 倍进行测量。而我们的仪器分辨率为 0.025s，使我们有条件使用未稀释的浓度为 2.38% 的显影液（TMAH），通过 QCM 方法进行高速测量，以验证井谷等的结果。

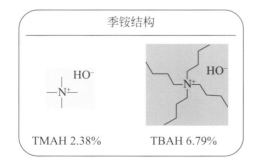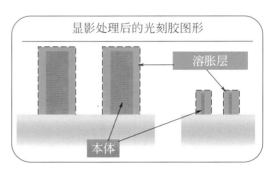

图 6-53　TMAH 和 TBAH 显影剂的结构以及显影中光刻胶溶胀对图形的影响

6.7.1 实验仪器

实验装置（RDA-Qz3）的外观见图6-54。

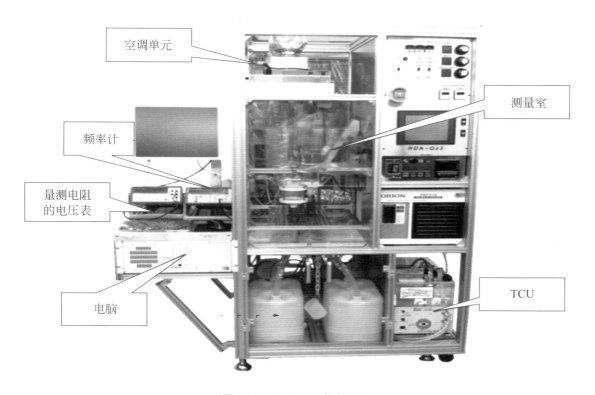

图6-54　RDA-Qz3的外观图

　　该系统由电脑、频率计、电压表、QCM振荡器和支架、显影槽、空调和显影液温度控制器组成。显影液和放置显影槽的测量室都有精确的温控。借助软件的帮助，已经实现了0.025s的分辨率。图6-55为显影槽照片。

　　显影槽由聚四氟乙烯材料制成。用于循环显影液的管子连接显影液喷嘴与显影槽。显影液的温度精确控制在（23.0±0.1）℃。测量室温度可控制在19 ～ 25℃的范围内，±0.1℃精密控温。QCM支架的顶端是尖头盔结构，以减少插入显影液时夹杂空气带来的干扰。当QCM基板插入显影剂中时，为防止对基板的冲击，插入角度被固定为70°。图6-56为QCM支架照片。为观察光刻胶在显影过程中的溶解和膨胀情况，使用的基板能够以5MHz的频率振荡。

图6-55　显影槽照片

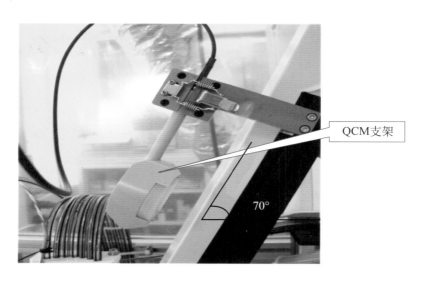

图6-56　QCM支架照片

6.7.2　减少热冲击

将没有光刻胶的QCM基板插入显影液并测量其频率时，除了由于相位的变化而引起的频率变化外，基板的温度与显影液的温度不同，使得电极之间产生电动势。基板进入显影液的那一瞬间频率就发生了变化，这种现象被称为热冲击。由于热冲击引起的频率变化会被误判为光刻胶溶解之前的溶胀行为。因此，有必要研究显影液的温度和QCM基板温度（测量室的温度）的最佳组合，以避免热冲击。

图6-57显示了当显影液的温度固定在（23±0.1）℃，测量室的空调温度从19℃调到25℃时，共振频率的变化。将基板安装在支架上后等待5min，直到基板温度稳定后插入显影液。结果显示，对应23℃的显影液温度，22℃的空调温度能最大地减少热冲击。

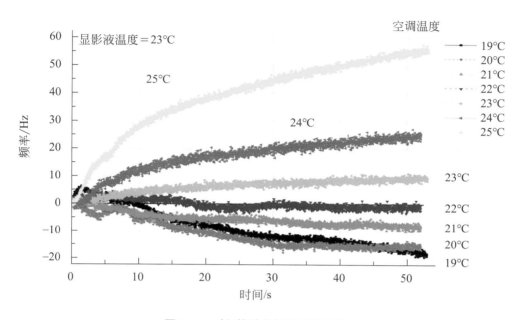

图6-57 对低热冲击条件的研究结果

6.7.3 实验与结果

我们测量了ArF光刻胶的溶胀行为。实验采用丙烯酸基聚合物，金刚烷为保护基的干式ArF光刻胶TARF-P6111（由TOK公司制造）。光刻胶膜厚为260nm，预烘烤条件为130℃/90s，PEB为130℃/90s。显影液使用TMAH（2.38%）和TBAH（6.79%）。

图6-58显示了在TMAH显影液中，曝光量为0～28.50mJ/cm² 时，膜厚和显影时间之间的关系。用ArF开放框架式曝光系统（ArF ES-3000mini，日本Lithotech公司制造）[60]来曝光。

在0～2.85 mJ/cm²的曝光量下没有观察到溶胀行为，但在5.70mJ/cm²以上观察到溶胀；在8.55mJ/cm²以上的曝光量下，显影过程中出现强烈的溶胀，随后快速溶解。图6-58中处于显影初期阶段的区域放大图（显影时间5s）示于图6-59。从图6-59可以看出，当曝光量为11.40mJ/cm²时，显影0.5s就获得最大的溶胀厚度，当曝光量为17.10mJ/cm²时，显影时间0.2s时获得最大的溶胀厚度。

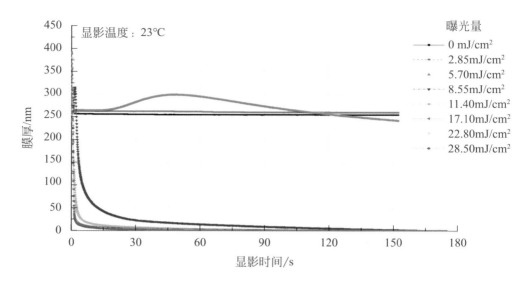

图6-58 膜厚与显影时间的关系（显影剂：TMAH）

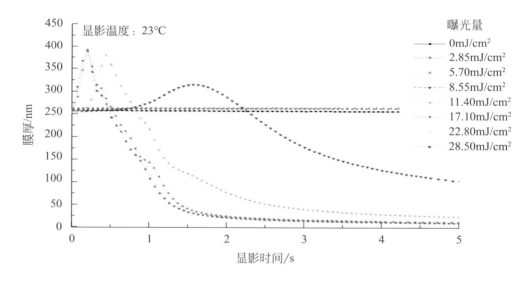

图6-59 在显影的前5s膜厚与显影时间的关系

图6-60显示了最大溶胀率（最大溶胀量与初始薄膜厚之比）、显影时间和曝光量之间的关系。曝光量超过3mJ/cm²时最大溶胀率逐渐增加，达到12mJ/cm²以上几乎保持不变，最大溶胀率约为150%。达到最大溶胀厚度的显影时间随着曝光量的增加而减少，在曝光量超过17mJ/cm²时几乎不变。

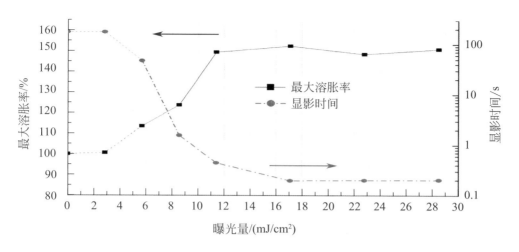

图6-60 不同曝光量下的最大溶胀率和显影时间

6.7.4 可重复性

为验证该测量系统的可重复性，用上述使用的光刻胶TARF-P6111，相同条件下以17.10mJ/cm²的曝光量进行了五次重复测试，以确定最大溶胀率的变化。图6-61是重复测量五次的显影曲线。

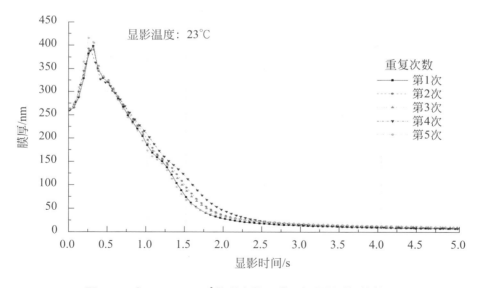

图6-61 在17.10mJ/cm²的曝光量下膜厚与显影时间的关系

表6-15中显示了五次重复测量的最大溶胀率。最大溶胀率的变化约为±4%，证明测量结果是准确可重复的。图6-62是五次重复测量的最大溶胀率和相应的显影时间的关系。

表6-15   五次重复测量的最大溶胀率

测量次数	最大溶胀率/%
1	153.7
2	149.4
3	155.3
4	149.1
5	158.7
平均值	153.2
最大值	158.7
最小值	149.1
极差	9.6
标准偏差	4.06

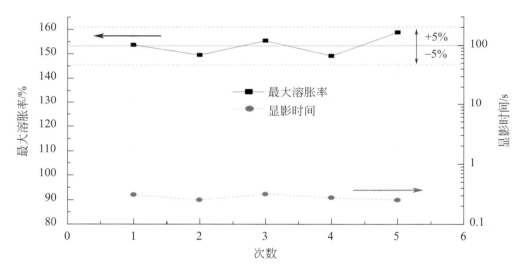

图6-62   5次重复测量的最大溶胀率和相应的显影时间

6.7.5   TBAH显影剂的溶胀行为

与TMAH显影剂相同的使用条件下，只使用TBAH显影剂时，膜厚与显影时间的关系如图6-63所示。

与TMAH比较，TBAH显示出较弱的溶胀行为。

图6-64显示了TBAH最大溶胀率、显影时间与曝光量的关系。曝光量超过$5mJ/cm^2$时，最大溶胀率逐渐增加，在曝光量达到$12mJ/cm^2$时基本稳定。这一趋势与TMAH显

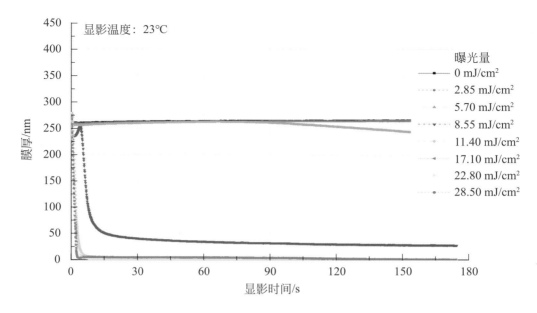

图 6-63 TBAH 显影中膜厚与显影时间的关系

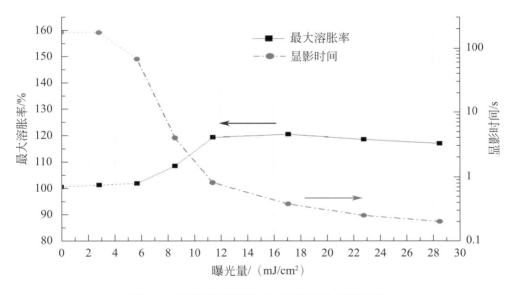

图 6-64 不同曝光量下的最大溶胀率和显影时间

影剂相同。然而,最大溶胀率仅为 120%,远小于 TMAH 的最大溶胀率(150%)。最大溶胀厚度的显影时间随着曝光量的增加而减少,在曝光量超过 17mJ/cm² 时几乎不变,这一趋势也与 TMAH 的显影相同。

图 6-65 显示了分别用 TMAH 和 TBAH 显影的图形结果比较。曝光条件为:NA=1.35(环形照明),Att-PSM 56nm 线 /128nm 线周期,TMAH 显影剂用于显影第一个图形,

TMAH和TBAH显影剂用于显影第二个图形。在第1次和第2次显影中，目标图形尺寸被设定为32nm，并使用LWR平滑度（%）来比较LWR［式（6-36）］。

第2次显影	TMAH	TBAH
SEM（最佳曝光量下）	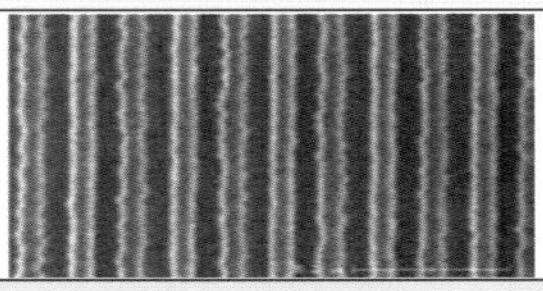	
最佳曝光量	22	20
LWR/nm	6.35	4.49
LWR平滑度/%	—	−29.3
塌陷极限（CD）	30.8	24.4

图6-65　TMAH和TBAH显影的图形结果比较

$$LWR\ 平滑度 = \frac{LWR_{TMAH} - LWR_{每层}}{LWR_{TMAH}} \times 100\% \qquad (6\text{-}36)$$

与TMAH显影的LWR 6.35nm相比，TBAH的LWR提高到4.49nm，图形塌陷极限从30.8nm提高到24.4nm。LWR的平滑度得到改善，降低了29.3%，这可归因于显影过程中溶胀的影响被减少了。

6.7.6　小结

这些结果证实了井谷等用高速AFM进行的研究报告的结论[59]，即TBAH显影剂在显影过程中比TMAH显影剂溶胀得少[59]。我们的装置可以更加精确地测量光刻胶在显影过程中的溶胀行为。未来将使用本装置对不容易发生溶胀行为的分子光刻胶等进行研究。

6.8　通过香豆素添加法分析PAG的产酸反应

为了分析PAG产生的酸量[61-65]，并研究酸产生的反应机理，提出了一种使用与PAG曝光产生的酸发生反应而发色的发色材料的分析方法[66,67]。方法非常简单，只需在光刻胶中加入发色材料就可以分析酸的生成行为。在石英基板上涂上含有发色材料的光刻胶，并曝光以产生颜色。然后用分光光度计在530nm左右测量吸光度。香豆素

6是一个常见的发色材料。曝光的反应速率常数（Dill的 C 参数）可以从530nm处的透光率和曝光量的关系中确定[68]。然而，香豆素6的发色反应是可逆的，曝光后颜色会随着时间的推移而消退。由于曝光和透光率测量之间的时间差，透光率值会有所不同。为此，我们开发了一个原位仪器，在193nm曝光同时，可原位测量530nm的吸光度。使用这个仪器，研究了酸生成速率常数 C 与PAG浓度、不同ArF聚合物结构和所添加的发色材料数量的关系。

6.8.1　实验过程

图6-66中简单地显示了测量系统。该系统配备了一个用于曝光的193nm准分子激光光源和用于光谱测量的卤素光源。同时它还配有测量193nm曝光的功率计和进行光谱测量的光谱仪[69]。使用的光谱仪是海洋光学公司制造的ISO32。

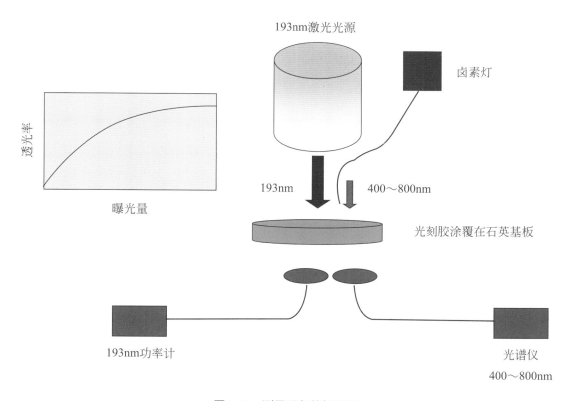

图6-66　测量设备的概要图

本实验中使用的光源是ArF准分子激光光源（Ushio Inc.），产生193nm单色真空紫外光[70]。图6-34是ArF准分子灯的原理。图6-67显示了测量系统的外部视图。

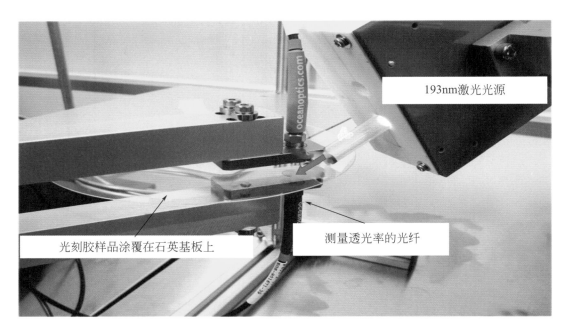

图6-67 测量系统的外部视图

将PAG和与PAG等物质的量的香豆素6加入ArF光刻胶用的丙烯酸聚合物中，制成了对比光刻胶（在3000r/min下涂覆，目标厚度400nm），并在ArF曝光同时进行透光率测量。基板使用合成石英。树脂使用三种ArF光刻胶的聚合物（三菱化学制）[71-73]。

实验中使用的聚合物的结构（图6-68）如下所示：

GBLMA/MAdMA/HAdMA，40/40/20（摩尔比），以下简称为GMH。

NLMA/MAdMA/HAdMA，40/40/20（摩尔比），以下简称为NMH。

OTPMA/MAdMA/HAdMA，40/40/20（摩尔比），以下简称为OMH。

实验中使用的PAG：

TPS-TF（三苯磺酸盐）（东洋合成工业株式会社制），M_w=412.45。

PAG的添加量分别为树脂的4%、8%、20%和30%。

香豆素6（东京化成制）被用作发色材料[74-75]。香豆素6的M_w为160.17。图6-69为香豆素6的结构和发色反应。

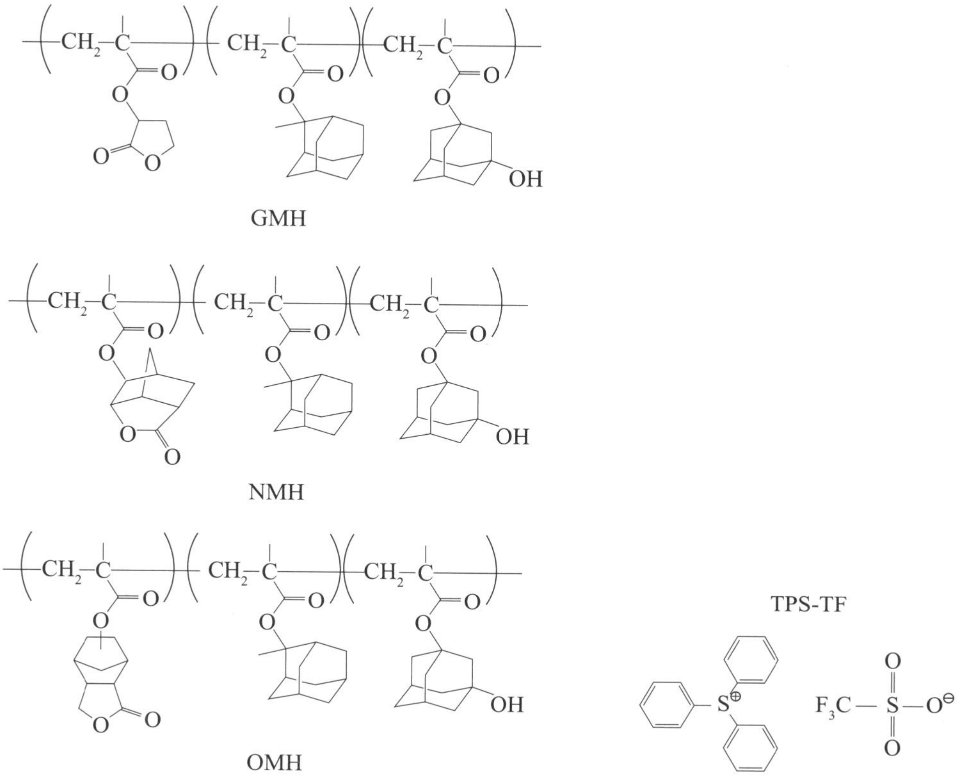

GMH

NMH

OMH

TPS-TF

（a）聚合物结构

（b）PAG结构

图6-68　聚合物和PAG的结构

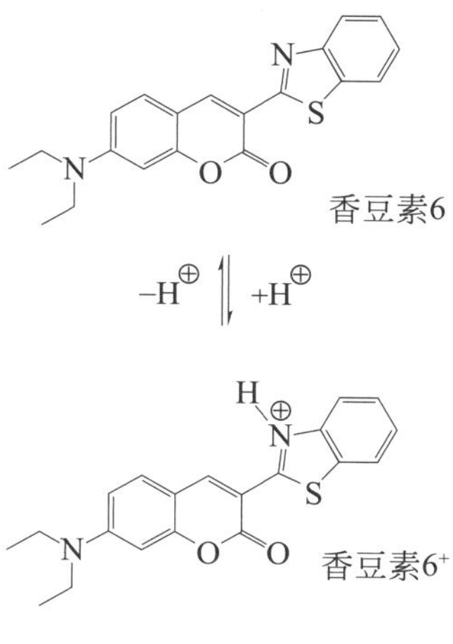

香豆素6

$-H^{\oplus}$ ⇅ $+H^{\oplus}$

香豆素6⁺

图6-69　香豆素6的结构和发色反应

香豆素的加入量，分别为PAG的一半物质的量、等物质的量、两倍物质的量和四倍物质的量。

样品制备：

PGMEA	6g
PGME	12g
GBL（γ-丁内酯）	2g
丙烯酸聚合物	1g
PAG	0.04g（在4%的聚合物中）
香豆素6	基于香豆素与PAG的等物质的量

光刻胶涂覆：

不经过HMDS处理，涂覆厚度400nm。预烘烤条件为100℃/60s。

使用Si基材调整薄膜厚度，然后同样条件应用于石英基材。

6.8.2 结果和讨论

图6-70显示了不同曝光量下透过率和波长的关系。测试的光刻胶PAG浓度为20%，香豆素6为PAG的1/2（物质的量），树脂使用GMH。可以看出，随着曝光量的增加，透过率在530nm附近下降。

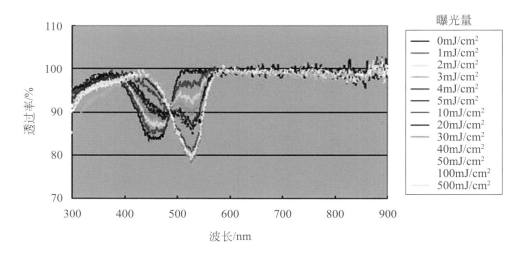

图 **6-70**　不同曝光量下透过率与波长的关系

图6-71显示了在不同的PAG浓度下，透过率和曝光量之间的关系。使用GMH作为聚合物。加入的香豆素量为PAG的1/2（物质的量），可以看出，随着PAG量的增加

和曝光量的增加，透过率的下降也随之增加，这是由于随着PAG量的增加，产生的酸量也随之增加。

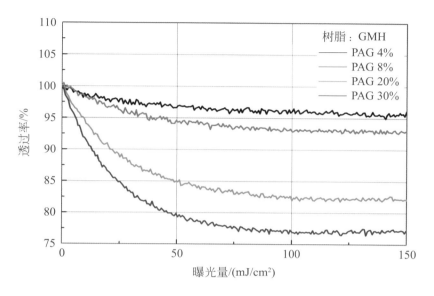

图6-71　不同PAG浓度下530nm处的透过率与曝光量的关系

图6-72显示了不同香豆素6浓度下透过率和曝光量的关系。透过率随着曝光量的增加而减少。透过率的下降随着香豆素6添加量的增加而增加，但当香豆素6的添加量是PAG等物质的量的两倍以上时，透过率的下降几乎是不变的。

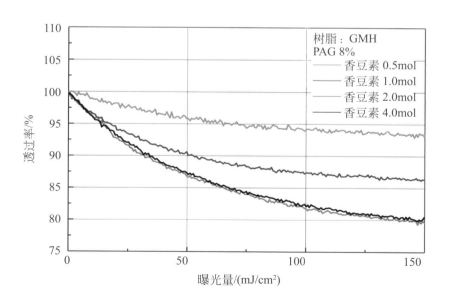

图6-72　在不同的香豆素6浓度下透过率（530nm）和曝光量的关系

图 6-73 显示了不同结构聚合物的透过率和曝光量之间的关系，其中 PAG 的添加量为树脂的 8%，香豆素 6 的添加量为与 PAG 的 1/2 倍（物质的量）。结果表明，无论树脂的结构如何，透过率的下降几乎是相同的，这表明酸的生成速度和数量与树脂的结构无关。

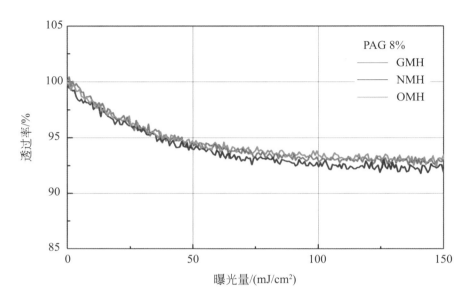

图6-73　不同结构的聚合物在 530nm 处的透过率与曝光量的关系

图 6-74 显示了图 6-71 的测量数据，纵轴转换为归一化酸浓度。可以看出，产生的酸量随着曝光量的增加而增加，在 80mJ/cm² 时，PAG 几乎完全被降解。通过将 Spence 模型［式（6-37）］应用于所获得的归一化酸浓度和曝光量之间的关系（表6-16）[76]，确定酸生成反应速率常数（C 参数）。

$$[H^+]=1-\exp(-CE) \tag{6-37}$$

式中，[H⁺] 是归一化酸浓度；C 是酸生成反应速率常数；E 是曝光量。

表6-16　不同 PAG 浓度下的 C 参数

PAG/%	树脂	香豆素量/mol	C 参数/（cm²/mJ）
4	GMH	1	0.0423
8	GMH	1	0.0425
20	GMH	1	0.0429
30	GMH	1	0.0433

结果显示，无论 PAG 的浓度如何，酸生成反应速率常数 C 几乎一样。

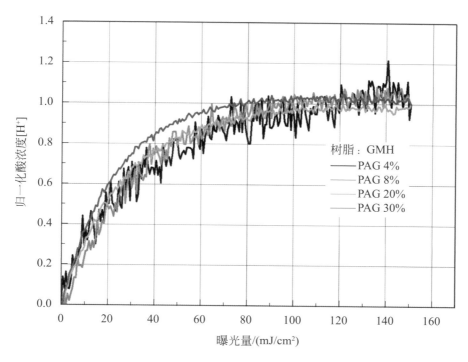

图6-74　在不同的PAG浓度下归一化酸浓度和曝光量之间的关系

　　表6-17和表6-18显示了不同数量的香豆素6和不同聚合物结构的酸生成反应速率常数 C 的比较。在所有情况下，酸生成反应速率常数 C 几乎相同。

表6-17　不同香豆素浓度下的 C 参数

PAG/%	树脂	香豆素量/mol	C 参数/（cm^2/mJ）
8	GMH	0.5	0.0425
8	GMH	1	0.0426
8	OMH	2	0.0427
8	GMH	4	0.0429

表6-18　不同聚合物结构的 C 参数

PAG/%	树脂	香豆素量/mol	C 参数/（cm^2/mJ）
8	GMH	0.5	0.0425
8	NMH	0.5	0.0427
8	OMH	0.5	0.0425

6.8.3 小结

通过使用本文的分析方法和仪器，准确测量到无论加入多少PAG或香豆素，生成酸的反应速率常数C都是恒定的。同时，对于不同结构的聚合物，酸生成反应速率常数C也几乎相同，表明酸生成反应也与聚合物结构无关。

参考文献

[1] H. Ito, and C. G. Willson, *ASC Symp. Ser.* **2**(1982)11.

[2] J. V. Crivello, and J. H. W. Lam, *Macromolecules* **10**(1977)1307.

[3] G. Pawlowski, R. Dammel, and C. R. Lindley, *Proc. SPIE* **1262**(1990)16.

[4] R. D. Allen, I. Y. Wan, G. M. Wallraff, R. A. Dipietro, and D. C. Hofer, *Proc. SPIE* **1262**(1990)412.

[5] A. Sekiguchi, M. Isono and T. Matsuzawa, *Jpn. J. Appl. Phys.* **38**(1999)4936.

[6] A. Sekiguchi, C. A. Mack, M. Isono, and T. Matsuzawa, *Proc. SPIE* **3678**(1999)985.

[7] Y. Miyake, M. Isono, and A. Sekiguchi, *Proc. SPIE* **4345**(2001)1001.

[8] Y. Miyake, M. Isono, and A. Sekiguchi, *Journ. Photopolymer* **14**(2001)463.

[9] R. A. Ferguson, C. A. Spence, Y. S. Shacham-Diamand, and A. R. Neureuther, *Proc.SPIE* **1086**(1989)262.

[10] R. A. Ferguson, C. A. Spence, and E. Reichmanis, L. F. Thompson, and A. R.Neureuther, *Proc. SPIE* **1262**(1990)412.

[11] C. A. Spence, S. A. MacDonald, and H. Schlosser, *Proc. SPIE* **1262**(1990)344.

[12] A. Sekiguchi, Y. Miyake, and M. Isono, *Jpn. J. Appl. Phys.* **39**(2000)1392.

[13] J. S. Petersen, C. A. Mack, J. W. Thackeray, R. Sinta, T. H. Fedynyshyn, J. M.Mori, J. D. Byers, and D. A. Miller, *Proc. SPIE* **2438**(1995)153.

[14] J. S. Petersen, C. A. Mack, J. Sturtevant, J. D. Byers, and D. A. Miller, *Proc. SPIE* **2438**(1995)167.

[15] J. D. Byers, J. S. Petersen, and J. Sturtevant, *Proc. SPIE* **2724**(1996)156.

[16] J. S. Petersen, J. D. Byers, and D. Drive, *Proc. SPIE* **2724**(1996)163.

[17] M. Yamana, T. Itani, H. Yoshino, S. Hashimoto, N. Samoto, and K. Kasama, *Proc.SPIE* **3094**(1997)269.

[18] M. Yamana, T. Itani, H. Yoshino, S. Hashimoto, H. Tanabe, and K. Kasama, *Proc. SPIE* **3333**(1998)32.

[19] R. R. Kunz, and D. K. Downs, *J. Vac. Sic. Technol*, **6**(1999)17.

[20] F. M. Houlihan, I. L. Rushkin, R. S. Hutton, A. G. Timko, O. Nalamasu, E. Reichmanis, A. H. Gabor, A. N. Medina, S. Malik, M. Neiser, R. R. Kunz, and D. K. Downs, *Proc. SPIE* **3678**(1999)264.

[21] H. Ito and C. G. Willson, *ASC Symp. Ser.* **2**(1984)11.

[22] R. A. Ferguson, C. A. Spence, Y. S. Shacham-Diamand and A. R. Neureuther, *Proc. SPIE* **1086**(1989)262.

[23] R. A. Ferguson, C. A. Spence, E. Reichmanis, L. F. Thompson and A. R. Neureuther, *Proc. SPIE* **1262**(1990)412.

[24] C. A. Spence, S. A. MacDonald and H. Schlosser, *Proc. SPIE* **1262**(1990)344.

[25] M. Yamana, T. Itani, H. Yoshino, S. Hashimoto, N. Samoto, and K. Kasama, *Proc. SPIE* **3094**(1997)296.

[26] A. Sekiguchi, C. A. Mack, M. Kadoi, Y. Miyake and T. Matsuzawa, *Proc. SPIE* **3999** (2000)***.

[27] F. M. Houlihan, I. L. Rushkin, R. S. Hutton, A. G. Timko, O. Nalamasu, E. Reichmanis, A. H. Gabor, A. N. Medina, S. Malik, and M. Neiser, *Proc. SPIE* **3678**(1999)264.

[28] Y. Itakura, Y. Kawasa, and A. Sumitani, *Proc. SPIE* **5039**(2003)524.

[29] M. Shirai, T. Shinozuka, M. Tsunooka, and T. Itani, *Proc. SPIE* **5376**(2004)in press.

[30] N. Oguri, *SEMI Technology Symposium* **Sec. 2**(2003)41.

[31] GL Science, Product catalog. (2003)18.

[32] A. Sekiguchi, Y. Miyake, and M. Isono, *Jpn. J. Appl. Phys.* **39**(2000)1392.

[33] Y. Miyake, M. Isono, and A. Sekiguchi, *Proc. SPIE* **4345**(2001)1001.

[34] Y. Miyake, M. Isono, and A. Sekiguchi, *Journ. Photopolymer* **14**(2001)463.

[35] A. Sekiguchi, Y. kono, and Y. Sensu, *Journ. Photopolymer* **16**(2003)209.

[36] M. Yang, and M. Thompson, *American Chem. Soc.,* **9**(1993)802.

[37] J. Rickert, A. Brecht, and W. Gopel, *Anal. Chem.* Vol. **69**, 7(1997)1441.

[38] A. Sekiguchi, and Y. Kono, *2007 EUV International Symposium* **RE-P06**(2007).

[39] A. Sekiguchi, and Y. Kono, *Proc. SPIE* **6923**(2008)in press.

[40] H. Kumagai and M. *Obara, Appl. Phys. Lett.* **55**(15)(1989)1583.

[41] J. V. Crivello, and J. H. W. Lam, *J. Polym. Sci.Polym. Lett. Ed.* **17**(1979)759.

[42] C. A. Spence, S. A. MacDonald, and H. Schlosser, *Proc. SPIE* 1262(1990)344.

[43] N. Oguri, *SEMI Technology symposium* Sec. **2,** 41(2003).

[44] A. Sekiguchi, Y. Kono and Y. Sensu, *Journ. Photopolymer*, **16**, 463(2004).

[45] A. Sekiguchi, Y. Kono and Y. Hirai, *Journ. Photopolymer*, **18**, 543(2005).

[46] A. Sekiguchi, Y. Kono F. Oda and Y. Morimoto, *Journ. Photopolymer*, **, ***(2008).

[47] Current Instrumental Analysis for Colour Material and Polymers, *Soft Science Inc.*, 30(2007).

[48] Current Instrumental Analysis for Colour Material and Polymers, *Soft Science Inc.*, 12(2007).

[49] TRCのアウトガスの文献, 2007 in Yokohama(2007).

[50] Current Instrumental Analysis for Colour Material and Polymers, *Soft Science Inc.*, 7(2007).

[51] Gregory P. Prokopowizic, Jacque H. Georger Jr., Eyad Ayyash, James W. Thackeray,William

R. Brunsvold, Laura L. Kosbar, Ali Afzali, Jeff D. Gelorme, "Improved Resolution with Advanced Negative DUV Photo Resist with 0. 26N Capabiloty", *SPIE Proc*. 3678, 1284(1999).

[52] William Hinsberg, Seok-won Lee, Hiroshi Ito, Donald Horne, Kay Kanazawa, "Experimental approaches for assessing interfacial behavior of polymer films during dissolution in aqueous base," *SPIE Proc*. 4345, 1(2001).

[53] Thomas Wallow, Wendy Chan, William Hinsberg, Seok-Won Lee, "Characterization of the Polymer-Developer Interface in 193nm Photoresist Polymers and Formulations During Dissolution", *SPIE Proc*. 4690, 299(2002).

[54] Minoru Toriumi, Toshio Itani, "Dissolution characteristics of resist polymers studied by Quartz Crystal Microbalance transmission-line analysis and PKa acidity analysis", *SPIE Proc*. 4690, 904(2002).

[55] Hiroshi Ito, William D. Hinsberg, Larry F. Rhodes, Chun Chnag, "Hydrogen bonding and aqueous base dissolution behavior of hexafluoroisopropanol-bearing polymers", *SPIE Proc*. 5039, 70(2003).

[56] Masamitu Shirai, Shinich Takashiba, Yusuke Horiguchi, Shigeo Irie, Toshiro Itani, "Acid Components in outgassing from F2 resist: A Study Using In-Situ QCM Technique", *JPST* vol. 17, 645(2004).

[57] Minoru Toriumi, "Theoretical analysis of development behavior of resist measured by QCM", *SPIE Proc*. 7273 2Y-1(2009).

[58] Atsushi Sekiguchi, "Study of Swelling Action during Developing for ArF Resist by kusing QCM Method", *JPST* vol. 32, 421(2010).

[59] Toshiro Itani, Julius Joseph Santillan, "In situ dissolution analysis of EUV resist", *SPIE Proc*. 7972 0H-1(2011).

[60] Atsushi Sekiguchi, Kengo Ogawa, Kenji Tanabe, Takeshi Matsunobe, Fumihiko Oda,Yukihiro Morimoto, "Study of Outgassing from the ArF CA Resist during ArF(193nm) Exposure", *JPST* vol. 22, 329(2009).

[61] Cheng-Tsung Lee, Wang Yueh, Jeanette M. Roberts, Todd R. Younkin, Clifford L.Henderson, "A New Technique for Studying Photoacid Generator Chemistry and Physics in Polymer Films using On-Wafer Ellipsometry and Acid-Sensitive Dyes", *Proc.SPIE* 6923, 44(2009).

[62] Cheng-Tsung Lee, Mingxing Wang, Kenneth E. Gonsalves, Wang Yueh, Jeanette M.Roberts, Todd R. Younkin, Clifford L. Henderson, "Effect of PAG and Matrix Structure on PAG Acid Generation Behavior under UV and High-Energy Radiation Exposure",*Proc. SPIE* 6923, 97(2009).

[63] Cameron, J. F., Chan, N., Moore, K., Pohlers, G., "Comparison of acid-generating efficiencies in 248 and 193-nm photoresists", *Proc. SPIE* 4345, 106-117(2001).

[64] Pawloski, A. R., Szmanda, C. R., Nealey, P. F., "Evaluation of the standard addition method

to determine rate constants for acid generation in chemically amplified photoresist at 157 nm", *Proc. SPIE* 4345, 1056-1065(2001).

[65] Itani, T., Yoshino, H., Hashimoto, S., Yamana, M., Samoto, N., Kasama, K., "Relationship between Remaining Solvent and Acid Diffusion in Chemically Amplified Deep Ultraviolet Resists", *Jpn. J. Appl. Phys.* 35, 6501-6505(1996).

[66] Ito, H., Willson, C. G., "Chemical amplification in the design of dry developing resis tmaterials", *Polym. Eng. Sci.* 23, 1012-1018(1983).

[67] Ito, H., Willson, C. G., "Applications of photoinitiators to the design of resists for semiconductor manufacturing", *Org. Coat. Appl. Polym. Sci. Proc.* 48, 60-64(1983).

[68] Dill, F. H., Hornberger, W. P., Hauge, P. S., Shaw, J. M., "Characterization of positive photoresist", *IEEE Trans. Electron Devices* ED22, 445-452(1975).

[69] Atsushi Sekiguchi, Yoshiyuki Kono, Fumihiko Oda and Yukihiro Morimoto "Techniques for Measuring Rate Constants for Acid Generation from PAG(Photo Acid Generator)during ArF Exposure", *Journal of Photopolymer Science and Technology.* 21, 1,69-73(2009).

[70] Photo polymer Outgas Study of the Outgassing from the ArF CA Resist during ArF(193nm) Exposure Atsushi Sekiguchi, Kengo Ogawa1, Kenji Tanabe1, Takeshi Matsunobe, Fumihiko Oda, and Yukihiro Morimoto, *Journal of Photopolymer Science and Technology* Vol. 22, 3, 329-334(2009).

[71] Hikaru Momose, Shigeo Wakabayashi, Tadayuki Fujiwara, Kiyoshi Ichimura, Jun Nakauchi, "Effect of end group structures of methacrylate polymers on ArF photoresist performances", *Proc. SPIE* 4345, 695-702(2001).

[72] Yoshihiro Kamon, Hikaru Momose, Hideaki Kuwano, Tadayuki Fujiwara, Masaharu Fujimoto, "Newly developed acrylic copolymers for ArF photoresist", *Proc. SPIE* 4690,615-622(2002).

[73] Hikaru Momose, Atsushi Yasuda, Akifumi Ueda, Takayuki Iseki, Koichi Ute, Takashi Nishimura, Ryo Nakagawa, Tatsuki Kitayama, "Chemical composition distributio nanalysis of photoresist copolymers and influence on ArF lithographic performance", *Proc.SPIE* 6519, 65192F/1-10(2007).

[74] H. Du, R. A. Fuh, J. Li, A. Corkan, J. S. Lindsey, "PhotochemCAD: A computer-aided design and research tool in photochemistry, "*Photochemistry and Photobiology*, 68, 141-142, (1998).

[75] G.A.Reynolds and K.H.Drexhage, "New coumarin dyes with rigidized structure for flashlamp-pumped dye lasers", *Optics Commun.*, 13, 222-225, (1975).

[76] C.A.Spence. S.A.MacDonald，and H.Schlosser, *Proc. SPIE* 1262, 344(1990).

第7章 ArF 浸没式光刻胶和双重图形化（DP）工艺评测技术

ArF 浸没式光刻技术作为 ArF 光刻技术的延伸，在 45nm 节点被引入。本章概述了 ArF 浸没式光刻和工艺评测技术，以及 ArF 浸没式光刻技术延伸的浸没式 DP 光刻和工艺评测技术的概述。

7.1 ArF 浸没式曝光技术

浸没式曝光技术在透镜和晶圆（光刻胶）之间使用纯水，利用水的折射率来提高分辨率。如瑞利方程表述：

$$R = k_1 \frac{\lambda}{\mathrm{NA}} \tag{7-1}$$

式中，R 是分辨率，nm；λ 是曝光波长，nm；NA 是透镜的数值孔径；k_1 是工艺参数。

图 7-1 显示了 KrF 曝光、ArF 干式曝光和 ArF 浸没式曝光在不同 NA 下的 k_1。k_1 是一个表示工艺的参数，对于大规模生产，它必须大于 0.25。

图 7-1 表明，通过 KrF 曝光很难实现 65nm 的图形，因为在 65nm 分辨率时，即使 NA 为 0.9，k_1 也仅为 0.24。而 ArF 曝光，在 NA 为 0.8 或更高的情况下才能使 k_1 超过 0.25，这表明通过使用高 NA 的曝光机可以实现 65nm 的图形化。但对于 45nm，即使在 NA=0.9 的情况下，k_1 仅为 0.21，意味着 45nm 的图形化不可能用 ArF 曝光。ArF 浸没式

	NA \ CD/nm	130	120	110	100	90	85	80	75	70	65	60	55	50	45	40
KrF	0.70	0.37	0.34	0.31	0.28	0.25	0.24	0.23	0.21	0.20	0.18	0.17	0.16	0.14	0.13	0.11
	0.75	0.39	0.36	0.33	0.30	0.27	0.26	0.24	0.23	0.21	0.20	0.18	0.17	0.15	0.14	0.12
	0.80	0.42	0.39	0.35	0.32	0.29	0.27	0.26	0.24	0.23	0.21	0.19	0.18	0.16	0.15	0.13
	0.85	0.45	0.41	0.38	0.34	0.31	0.29	0.27	0.26	0.24	0.22	0.21	0.19	0.17	0.15	0.14
	0.90	0.47	0.44	0.40	0.36	0.33	0.31	0.29	0.27	0.25	0.24	0.22	0.20	0.18	0.16	0.14
ArF	0.70	0.47	0.44	0.40	0.36	0.33	0.31	0.29	0.27	0.25	0.24	0.22	0.20	0.18	0.16	0.15
	0.75	0.51	0.47	0.43	0.39	0.35	0.33	0.31	0.29	0.27	0.25	0.23	0.21	0.19	0.17	0.16
	0.80	0.54	0.50	0.46	0.41	0.37	0.35	0.33	0.31	0.29	0.27	0.25	0.23	0.21	0.19	0.17
	0.85	0.57	0.53	0.48	0.44	0.40	0.37	0.35	0.33	0.31	0.29	0.26	0.24	0.22	0.20	0.18
	0.90	0.61	0.56	0.51	0.47	0.42	0.40	0.37	0.35	0.33	0.30	0.28	0.26	0.23	0.21	0.19
ArF-浸没式曝光	0.90							0.37	0.35	0.33	0.30	0.28	0.26	0.23	0.21	0.19
	1.00							0.41	0.39	0.36	0.34	0.31	0.28	0.26	0.23	0.21
	1.10							0.46	0.43	0.40	0.37	0.34	0.31	0.28	0.26	0.23
	1.20							0.50	0.47	0.44	0.40	0.37	0.34	0.31	0.28	0.25
	1.30							0.54	0.51	0.47	0.44	0.40	0.37	0.34	0.30	0.27

图7-1　曝光波长、NA和k_1参数之间的关系

曝光下，NA＞1是可能的，在NA=1.3时，k_1=0.3。这就是ArF浸没式曝光技术赋予了工艺更多可能性的原因。浸没式光刻技术是从45nm节点开始采用的。

　　浸没式曝光的效果如图7-2和图7-3所示。光学系统由透镜、浸泡液（纯水）和光刻胶组成。假设透镜在193nm处的折射率为1.56，水的折射率为1.44，光刻胶折射率为1.7。如果光以角度θ_1进入透镜，当它离开透镜并进入下一个介质时，由于折射的影响，入射角变为θ_2。此时，空气的$n_{air}=1$，水的$n_{water}=1.44$，假设θ_1相同。

$$\sin\theta_2 = 1.44\sin\theta_2' \Rightarrow \theta_2 > \theta_2' \tag{7-2}$$

这意味着通过使用纯水可以减少对光刻胶的入射角。因此，在分辨率不变的情况下，DOF可以增加1.44倍。

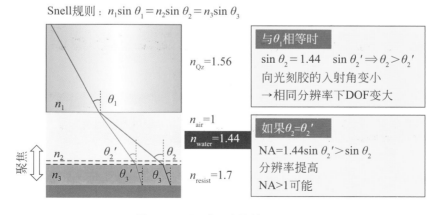

图7-2　浸没式曝光的效果（一）

另一方面，如果$\theta_2=\theta_2'$，那么

$$\text{NA}=1.44\sin\theta_2' > \sin\theta_2 \qquad (7\text{-}3)$$

这与以1.44除以曝光波长的效果相同，从而提高了分辨率。此外，NA＞1成为可能[1-3]。

综上所述，使用同一个透镜，只要在透镜和光刻胶之间放置水，DOF就可以提高1.44倍。或者提高透镜的NA，分辨率可以提高到134nm（193nm/1.44）。

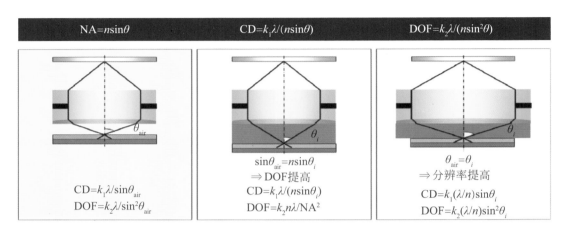

图7-3　浸没式曝光的效果（二）

使用美国Amphilbian制造的实验用浸没式曝光机（微型步进曝光机）测试。图7-4显示了浸没式曝光的实验结果，从图可知40～50nm精度的图形化可以实现。

45～50nm分辨率光刻胶图形
AR之上涂Shipley XP-1020，50～100nm膜厚，TOK顶部涂层，TE偏振

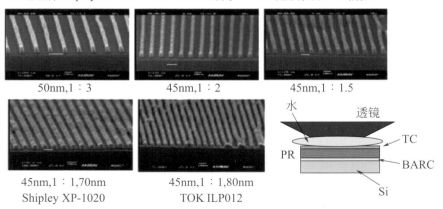

曝光设备：ArF浸没式微型步进曝光机（美Amphilbian公司）

图7-4　浸没式曝光的实验结果（NA=1.05）

浸没式曝光与干式曝光的不同之处在于，水被夹在透镜和光刻胶之间。出现了一些浸没式曝光特有的问题，图7-5总结了这些问题。

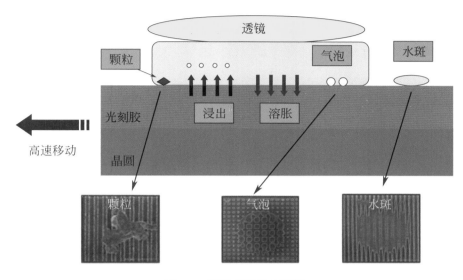

图7-5 浸没式曝光的问题

浸没式曝光的问题：

① 由于水渗入光刻胶而导致的溶胀。PAG从光刻胶中溶出（浸出）而导致光刻胶的感光度降低和镜头污染；

② 光刻胶表面的气泡（气泡缺陷）导致分辨率变差；

③ 浸泡液中夹杂的颗粒造成缺陷；

④ 残留在光刻胶表面的水在曝光后烘烤过程中变干产生水斑。

下文中，我们将介绍浸没式曝光过程的评测技术。

7.2 浸没式曝光过程的评测——水渗入光刻胶膜与感光度变化

浸没式光刻技术作为一种延长ArF曝光寿命的技术已被积极研究。ArF浸没式光刻技术能够制作65nm以下的图形。然而，因浸泡液存在于透镜和光刻胶之间[4]，带来了与传统的干式曝光技术完全不同的问题。在2003年7月举行的浸没式曝光研讨会上充分讨论了浸没式曝光的以下各种挑战[5,6]：

① 浸泡溶液物理性质的精确控制；

② 光学系统NA和视场尺寸，透镜和晶圆之间的距离；

③ 液体中气泡的控制和产生机理；

④ 液体和光刻胶的污染；

⑤ 光刻胶的脱气；

⑥ 液体中的气泡的影响；

⑦ 热和液体导入的影响；

⑧ 偏光的影响。

针对这些问题，各研究机构纷纷开展了不同方向的研究。我们专注于浸没式光刻胶的感光度、光刻胶材料的溶出以及曝光时水对光刻胶的渗透，开发了用于浸没式曝光光刻反应的评测设备，下面介绍使用该设备对浸没式光刻胶材料进行评测的技术和结果。

7.2.1 浸没式曝光反应分析设备

浸没式曝光反应分析设备包含浸没曝光的曝光系统、评估显影速率的显影分析仪[7]、分析曝光时光刻胶溶解在水中的物质的GC-MS以及研究曝光时光刻胶质量变化的QCM质量分析装置[8,9]。图7-6和图7-7显示了浸没式光刻系统的外观和示意图。这个系统配备了一个193nm的准分子激光光源，来自激光器的193nm光被扩束器扩散，并通过均匀化光学元件进行均匀化，对晶圆进行曝光。

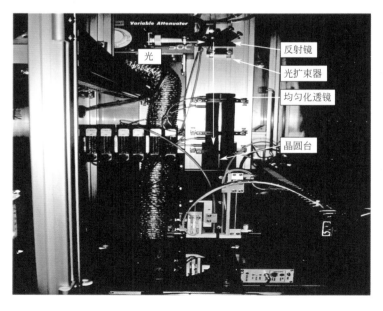

图7-6　浸没式光刻系统的外观

一个分束器被放置在光路的中间，将部分曝光光束引向功率计，对曝光量进行原位监测。曝光台配备了一个局部供液系统，以产生一个局部浸没式环境（图7-8）。

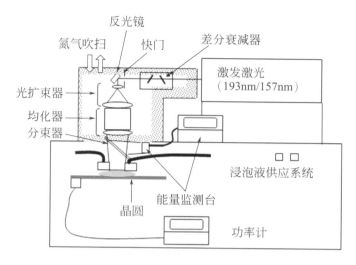

图7-7　浸没式光刻系统的示意图

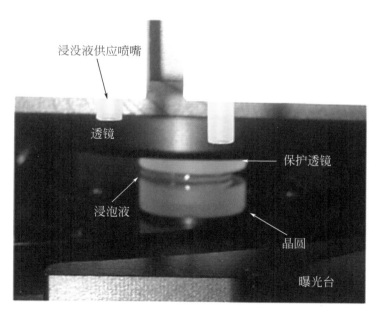

图7-8　浸没式曝光平台

使用微型注射泵将脱气的纯水供给基板，曝光平台在透镜下移动，透镜下降以产生一个局部浸没环境。透镜和基板之间的距离可以控制在0.1mm的精度。浸没式曝光的同时，用微量注射泵回收浸泡液。

7.2.2 浸没式曝光的光刻胶材料评测

7.2.2.1 浸没式光刻胶的显影特性评测

通过使用显影分析仪测量每个曝光量下的显影速度来评测浸没式光刻胶的感光度和对比度[7]。将得到的显影速度输入光刻模拟软件[10]，就可对浸没式光刻进行模拟。

7.2.2.2 评测光刻胶的脱气

收集到的浸泡液通过GC-MS进行分析，以分析曝光时从光刻胶溶出到浸泡液中的成分，以及光刻胶的脱气情况。将收集到的浸泡液放入有机成分提取系统中加热到350℃，蒸发的有机成分收集到吸附剂（TENAX-TA）中。然后用吹扫和收集[11]装置对收集到的组分进行GC-MS分析，得到浸泡液的成分（图7-9）。

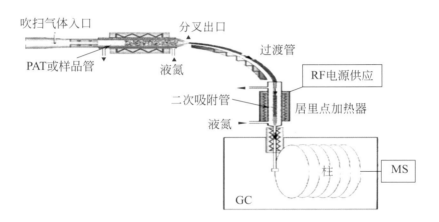

图7-9 吹扫和收集系统与GC-MS

7.2.2.3 浸没式曝光中光刻胶的质量分析

使用Quartz Crystal Microbalance（QCM）法[12]对浸没式曝光中的光刻胶进行质量分析。QCM质量分析装置由QCM传感器、采集数据的电脑、频率计和电压表组成。后三者通过GPIB接口连接。在QCM传感器上放置好涂有光刻胶的QCM基板，供应好浸泡液。然后将其移到透镜下，打开快门使其曝光，同时测量曝光量和共振频率之间的关系。使用共振频率为9MHz的QCM基板，以测量更精细的质量变化。

当一种物质黏附在石英谐振器的电极表面时，谐振频率随其质量而变化。因此，当对浸没在水中涂有光刻胶的基板曝光时，光刻胶发生光化学反应产生气体，薄膜质量下降而共振频率会增加。相反，由于水的浸没而发生溶胀，则共振频率会降低。共振频率和质量之间的关系由Sauerbey方程表示[13]。

$$\Delta F = -\frac{2F_0{}^2}{A\sqrt{\mu\rho}}\Delta m \qquad (7\text{-}4)$$

式中，ΔF是频率的变化；F_0是传感器的频率；A是电极面积；μ是晶体的剪切应力（2.947×10^{10}kg/ms）；ρ是石英晶体的密度；Δm是质量的变化。

7.2.3 实验与结果

用图7-10所示的基于带有金刚烷作为保护基的丙烯酸树脂（以下简称MAdMA光刻胶）和基于环烯烃马来酸酐的光刻胶（以下简称COMA光刻胶），对它们进行干式曝光和浸没式曝光的结果进行了比较，还研究了顶部涂层对浸没式曝光的影响。表7-1列出了实验条件。

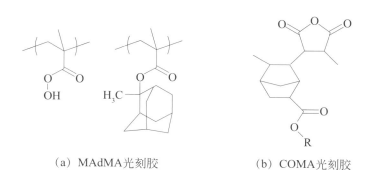

（a）MAdMA光刻胶 　　　　　　（b）COMA光刻胶

图7-10　MAdMA和COMA光刻胶的结构式

表7-1　实验条件

光刻胶	MAdMA	COMA	顶部涂层
厚度/nm	200	200	36
预烘烤	120℃/60s	120℃/90s	90℃/60s
PEB	120℃/60s	120℃/90s	—
n	1.50	1.50	1.37

7.2.3.1 浸没式光刻胶的感光度比较

图7-11显示了MAdMA和COMA光刻胶在干式和浸没式曝光（有顶部涂层及无顶部涂层）下的显影速度的比较，结果表明MAdMA光刻胶在干式和浸没式曝光下的感光性没有区别。而对于COMA光刻胶，与干式曝光相比，在没有顶部涂层的情况下，浸没式曝光会导致高曝光量下的显影速度明显下降。当存在顶部涂层时，在低曝光区

域中的显影速度降低。对于 COMA 光刻胶，普遍认为浸没式曝光产生的酸会溶到浸泡液中，导致感光度下降。而顶部涂层可以保护光刻胶材料不与浸泡液接触，从而防止感光度下降。

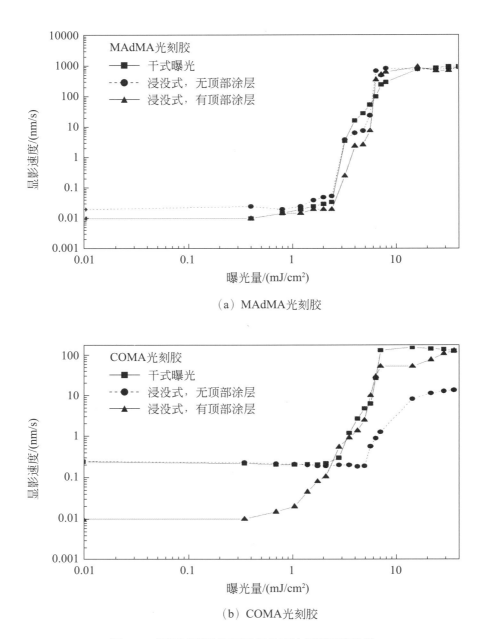

（a）MAdMA光刻胶

（b）COMA光刻胶

图7-11　不同光刻胶在不同条件下的显影速度比较

获得的显影速度数据被输入到光刻模拟软件[10]，以模拟浸没式曝光。

曝光条件如下。

曝光波长：193nm；

NA=0.75，σ=0.89/0.59；

线和空间：掩模版90nm L/S；

干式和浸没式（S偏振）曝光。

模拟条件如下。

模拟软件：SOLID-CTM v.2.6.5［SIGMA-C］；

模拟类型：显影速率模式"R[E,z]"。

模拟结果见图7-12。

对于MAdMA光刻胶，浸没式曝光的DOF有显著改善。使用顶部涂层也得到了更多的矩形形状，预计这将使DOF从0.4μm提高到1.10μm。而没有使用顶部涂层的COMA光刻胶的DOF预计会因浸没式曝光而恶化。相比之下，使用顶部涂层由于酸液浸损失的减少，预计会将DOF从0.15μm提高到0.55μm。顶部涂层的使用是浸没式光刻的一项必需的技术。

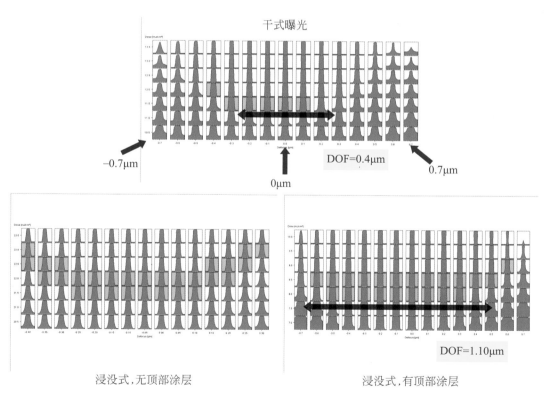

（a）MAdMA光刻胶

图7-12

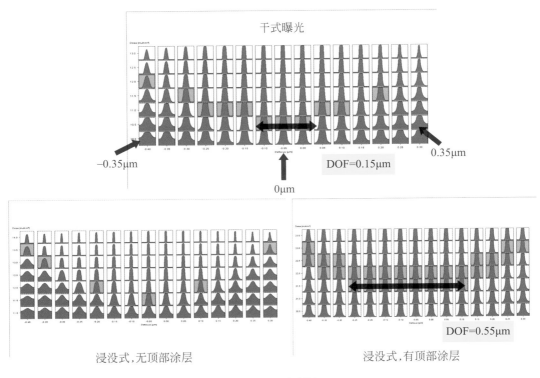

（b）COMA光刻胶

图7-12 模拟结果

7.2.3.2 浸泡液分析

图7-13显示了MAdMA和COMA光刻胶在浸没式曝光期间的溶出成分分析结果。定量标准是将100ng的十四烷（C_{14}）加入到色谱图中，以色谱图的面积作为标准；对于MAdMA光刻胶，没有顶部涂层的为54ng/cm²，加顶部涂层的为51ng/cm²。

对于COMA光刻胶，没有顶部涂层时检测到的VOCs为144ng/cm²，有顶部涂层的情况下为110ng/cm²。MAdMA光刻胶溶出的主要成分是丙酮、环己烷、戊烯和甲苯，COMA光刻胶溶出的主要成分是丙酮、乙酸、环己烷、戊烯和甲苯。对于COMA光刻胶，顶部涂层确认具有阻挡溶出的效果。

7.2.3.3 浸没式曝光过程中光刻胶的质量变化

图7-14显示了QCM方法测量的MAdMA和COMA光刻胶在干式和浸没式曝光时的质量变化。横轴表示曝光时间，纵轴显示单位面积的质量变化。对浸没式曝光，还测试了有无顶部涂层的曝光及未曝光状态下的质量变化。

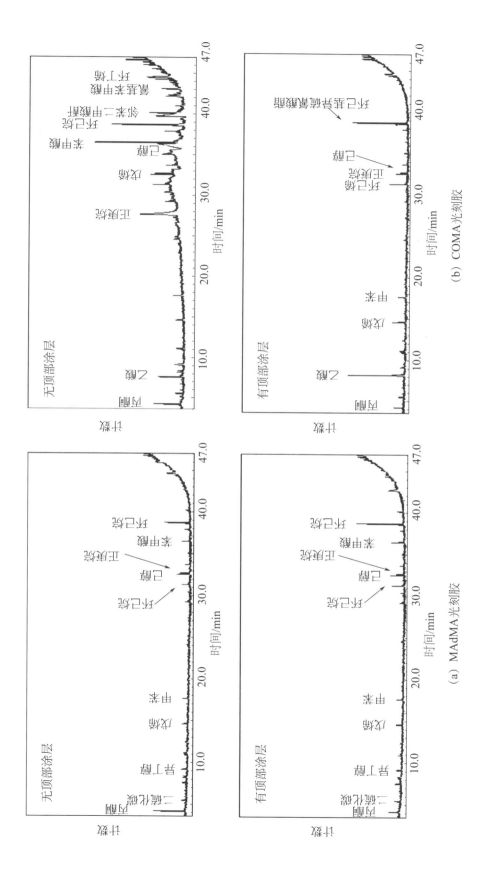

图7-13 浸泡液的分析结果

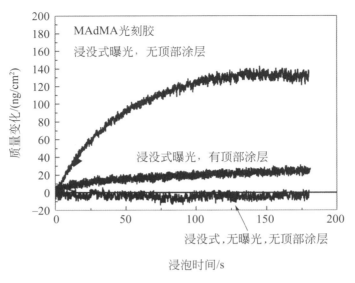

（a）MAdMA 光刻胶

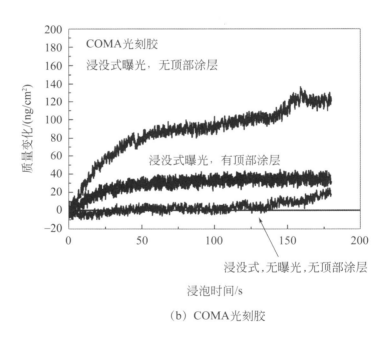

（b）COMA光刻胶

图7-14 质量变化与浸泡时间的关系

光照强度为0.3mW/cm²。在未曝光的情况下，COMA 光刻胶的质量浸泡在浸泡液中后略有增加。这表明光刻胶膜吸收了水并在水中溶胀。另一方面，没有顶部涂层的浸没式曝光导致两种光刻胶在大约100s的曝光时间（曝光量约为30mJ/cm²）下出现约100ng/cm²的溶胀。

浸没式曝光显示，光刻胶在曝光时与浸泡液一起溶胀。有顶部涂层的浸没式曝光情况下，溶胀程度远比没有顶部涂层的情况要低。这表明顶部涂层具有保护光刻胶不受水影响的功能。

7.2.4　小结

① RDA 数据显示，对于 MAdMA 光刻胶，浸没式曝光没有带来感光度变化。而 COMA 光刻胶可观察到浸没式曝光带来的变化，使用顶部涂层抑制了这种变化。

② GC-MS 显示，在浸没式曝光过程中，从光刻胶中溶出的 VOCs 对 MAdMA 光刻胶来说是 54ng/cm^2（无顶部涂层），51ng/cm^2（有顶部涂层）；对于 COMA 光刻胶来说是 144ng/cm^2（无顶部涂层），110ng/cm^2（有顶部涂层）。从 MadMA 光刻胶中溶出主要成分是丙酮、环己烷、戊烯和甲苯，而 COMA 光刻胶中是丙酮、乙酸、环己烷、戊烯和甲苯。

③ QCM 观察到的质量变化表明，随着浸泡液溶入光刻胶，光刻胶薄膜在浸没式曝光期间会发生溶胀。溶胀的程度通过使用顶部涂层而减少。顶部涂层可以保护光刻胶不被水渗透。

该分析系统能够快速确定浸没式曝光的最佳工艺条件。

7.3　浸没式曝光过程的评价——对溶出的评测

在 ArF 浸没式光刻中，光刻胶的溶出会污染曝光机的镜头[14]，事先了解光刻胶溶出量是很重要的。IMEC 和 IBM 联合开发了 WEXA-2 分析系统[15]，可以准确地分析光刻胶的溶出量。我们使用 WEXA-2，对 ArF 光刻胶进行了浸泡溶出测量。浸泡时从光刻胶中溶出的物质包括来自 PAG 的阳离子和阴离子，其中阴离子是镜片污染的主要来源[16,17]。使用 WEXA-2 将未曝光的光刻胶与浸泡液接触，并将收集到的浸泡液进行 LC-MS-MS 分析[4]，来定量分析阴离子并确定溶出速率。下面将详细介绍分析测量方法。

7.3.1　WEXA-2 系统和采样方法

7.3.1.1　WEXA-2 系统

图 7-15 为 WEXA-2 外观，图 7-16 为系统的概况。包括用于吸附晶圆并使其与浸

泡液接触的真空吸附台、接头和用于准确地输送浸泡液的注射泵，以及收集溶液的采样罐。

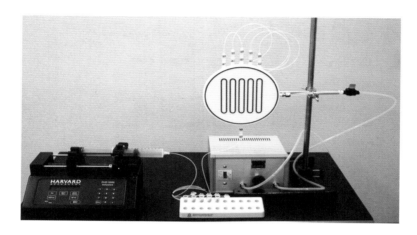

图7-15　WEXA-2外观

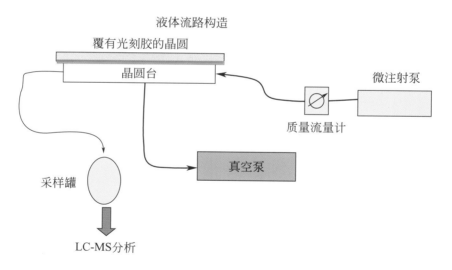

图7-16　WEXA-2系统

　　图7-17为WEXA头外观。WEXA头设置了五个流道。流道的深度为1mm，长度为50mm。在流道的两端有孔，用于浸泡液的流入和流出。为了方便晶圆真空吸附安装在WEXA头，开有与晶圆同样大小的沟槽。WEXA头垂直位置设置，浸泡液通过底孔流入凹槽，越过光刻胶表面，从顶孔流出进入管子。如果有任何光刻胶的溶出，溶出物将溶入浸泡液中。五个流道分别由一个微型注射泵控制，可以不同的流速进行采样。这样一来，流速和溶出量之间的关系可以用来确定浸泡时间和溶出量之间的关系。

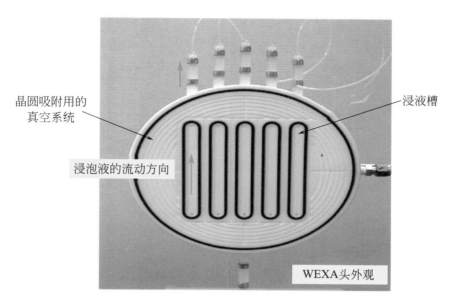

图7-17 WEXA头外观（晶圆设置在有O形圈的地方）

7.3.1.2 采样方法

首先，用纯净水彻底清洗WEXA头，包括流动通道的内部，以避免污染。洗净后，用纯净的氮气吹干。O形圈以同样的方式进行清洗和干燥。将O形圈设定好，在200mm的Si晶圆上涂覆光刻胶，将涂有光刻胶那面压在头部，打开吸气阀抽真空，晶圆被真空吸附在WEXA头。将其竖起并固定在支架上，安装配件和管道。流道和流速设置见表7-2。

表7-2　流道和流速设置

流道	流量 /mL	流速/（mL/min）
1	2.65	35
2	3	25
3	3.1	20
4	3	13
5	2.65	4

根据需要，将微量注射器泵设置一定的流速和流量，浸泡液从流道的下部入口注入，通过接头和管道从上部出口排出到采样管中。采集的浸泡液为每份0.5mL。由于液体也存在于管子内，每个流道所要设定的流速是不同的（表7-2）。事先用天平对样品罐进行称重。采集完样品后，再次称重，确定所采集样品的质量。

7.3.2 分析方法

得到的样品用LC-MS-MS进行分析。定量分析由PAG产生的阴离子和阳离子。导致镜头污染的主要是阴离子[18]，所以阴离子的分析尤为重要。

7.3.2.1 标准曲线的准备

不同光刻胶中所含的PAG不同，有不同的标准曲线。下面使用的PAG中，其阳离子是三苯基锍离子，阴离子是三氟甲烷磺酸。

（1）阳离子（三苯基锍离子）的标准曲线

称量9.95mg的四氟硼酸三苯基锍，倒入10mL的烧杯中，用水∶甲醇=1∶1溶解，制成10mL的溶液（733μg/mL的三苯基锍离子）。该溶液用水+甲醇（1+1）溶液适当稀释，以制备5.86ng/mL、1.17ng/mL和0.35ng/mL的三苯基锍标准溶液。用LC-MS-MS分析仪进行分析，得到阳离子的标准曲线，见图7-18。

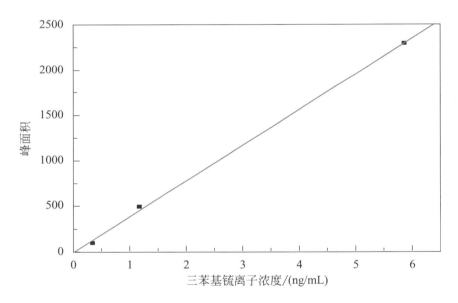

图7-18　阳离子（三苯基锍离子）的标准曲线

（2）阴离子（全氟丁基磺酸）的标准曲线

称取10.93mg全氟丁基磺酸，加入10mL烧杯中，加水+甲醇（1+1）溶液溶解，配成10mL溶液（1093μg/mL的全氟丁基磺酸）。将此溶液用水+甲醇（1+1）溶液适当稀释，制备43.7ng/mL、8.74ng/mL、1.75ng/mL和0.52ng/mL的全氟丁基磺酸标准溶液，其标准曲线见图7-19。

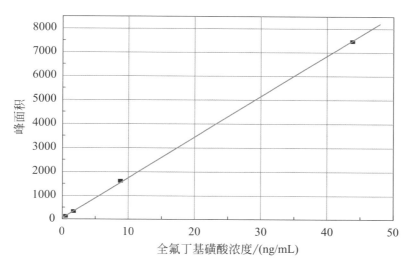

图7-19 阴离子（全氟丁基磺酸）的标准曲线

7.3.2.2 LC–MS–MS分析

收集的样品进行LC-MS-MS分析以定量阴离子和阳离子。LC-MS-MS分析条件如下。

（1）三苯锍基离子（阳离子）分析

测定三苯基锍离子标准溶液的质谱图时，阳离子检测检测到其分子量对应的m/z为263，故采用其作为母离子（Q1质量）。使用从该母离子中检测到的子离子（Q3质量，m/z为186）确定了LC-MS-MS分析条件。

MS系统：	AB/MDS Sciex（API4000）
LC系统：	岛津LC-20A
色谱柱：	Inertsil ODS 2.1mm×50mm
流动相：	A=5mmol/L醋酸铵，B=乙腈
0→4.5min B：	10%→90%
4.5min→6.5min B：	90%
6.51min→10min B：	10%
离子化：	电喷雾离子化
检出：	Q1质量263.1，Q3质量186.0，阳离子检测
流速：	0.3mL/min
柱温：	40℃
进样量：	2μL

（2）全氟丁基磺酸（阴离子）分析

测定全氟丁基磺酸标准溶液的质谱时，阴离子检测检测到其分子量对应的m/z为299，采用其作为母离子（Q1质量）。使用从该母离子中检测到的子离子（Q3质量，m/z为80）建立了以下LC-MS-MS分析条件。

MS系统：	AB/MDS Sciex（API4000）
LC系统：	岛津LC-20A
色谱柱：	Inertsil ODS 2.1mm×50mm
流动相：	A=5mmol/L醋酸铵，B=乙腈
$0 \rightarrow 4.5$min B：	30%→90%
4.5min→6.5 min B：	90%
6.51min→10 min B：	30%
离子化：	电喷雾离子化
检出：	Q1质量298.8，Q3质量80.0，阴离子检测
流速：	0.3mL/min
柱温：	40℃
进样量：	2μL

阴离子检测示例见图7-20。

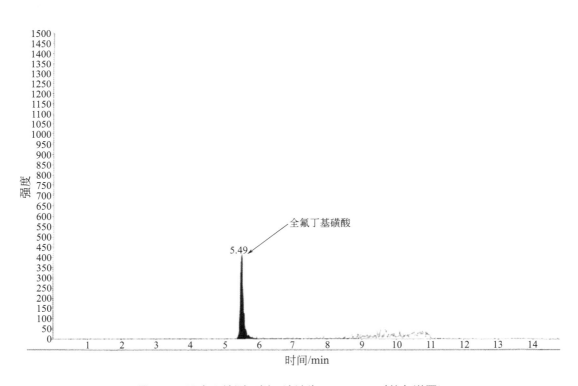

图7-20　阴离子检测示例（流速为**25mL/min**时的色谱图）

（3）动态溶出分析

以PAG阴离子溶出量作为时间函数的指数函数［式（7-5）］。

$$Y=AB\exp（-Bt）\qquad\qquad（7\text{-}5）$$

当PAG阴离子的溶出率在0到时间t的范围内积分时，经过时间t时PAG阴离子的总溶出量由式（7-6）表示[18-20]。

$$Y_t=A\exp(-Bt)\qquad\qquad（7\text{-}6）$$

式中，A表示饱和溶出量，mol/cm^2；B表示时间常数（B越大，达到饱和水平的时间越短），s^{-1}；AB是$t=0$（s）时的溶出速率，$mol/（cm^2\cdot s）$。

通过溶出时间和溶出量可以拟合常数A，见图7-21。

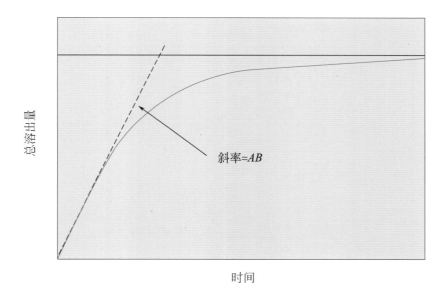

图7-21 溶出量与时间及拟合公式的关系

此外，由于曝光机在提供浸液（接触液）后1s开始曝光，因此1s后的溶出量表示为第1秒污染值。通常，饱和溶出量A、溶出初始速率和第1秒污染值这三个参数作为溶出评价的标准。图7-22显示了溶出量与浸没时间之间的关系以及拟合结果。

得到的饱和溶出量A为$2.633\times10^{-12}mol/cm^2$，第1秒污染值是$1.04\times10^{-12}mol/cm^2$，初始溶出速率为$1.32\times10^{-12}mol/（cm^2\cdot s）$。

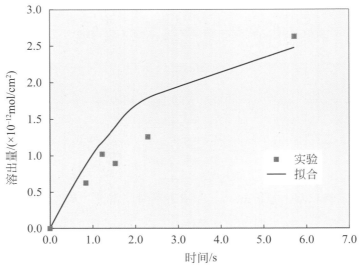

接触时间/s	PAG阴离子浓度 /(×10⁻¹²mol/cm²)	拟合PAG阴离子浓度 /(×10⁻¹²mol/cm²)
0.00	0	0
0.84	$6.272×10^{-1}$	$8.99×10^{-1}$
1.21	1.025	1.20
1.53	$8.981×10^{-1}$	1.41
2.27	1.265	1.79
5.72	2.633	2.48

结果	$A/(×10^{-12}mol/cm^2)$	B/s^{-1}
	2.633	0.500
第1秒	$1.04 ×10^{-12}mol/cm^2$	
初始溶出速率	$1.32 ×10^{-12}mol/(cm^2·s)$	

图7-22　溶出量与浸没时间之间的关系及拟合结果

（测试光刻胶中PAG阴离子的评测结果）

7.3.3　分析系统可靠性验证

IMEC发表了使用WEXA-2对光刻胶AZ-EXP-T88218（AZ Electronic Materials公司）的分析结果。该光刻胶PAG阴离子总溶出量A为$10×10^{-12} \sim 20×10^{-12}mol/cm^2$，溶出速率（Int.Rate）为$4×10^{-12} \sim 10×10^{-12}mol/（cm^2·s）$左右。对标准光刻胶测量的结果如果可重现，就说明我们的分析系统和IMEC的系统没有区别。

因此，我们对标准光刻胶进行了两次测量，第一次测量时间为2009年2月25日，第二次为2009年11月25日，结果如表7-3和图7-23所示。

表7-3　标准光刻胶溶出评价结果

阴离子	第1秒 /（×10⁻¹² mol/cm²）	溶出速率 /［×10⁻¹²mol/(cm²·s)］	A/（×10⁻¹² mol/cm²）
2009年2月25日	3.52	3.96	16.30
2009年11月25日（1）	8.50	8.28	16.62
2009年11月25日（2）	4.87	6.19	12.38
平均	5.69	6.14	15.10
阳离子	第1秒 /（×10⁻¹² mol/cm²）	溶出速率 /［×10⁻¹²mol/(cm²·s)］	A/（×10⁻¹² mol/cm²）
2009年11月25日（1）	0.898	1.14	2.282
2009年11月25日（2）	0.455	0.578	1.155

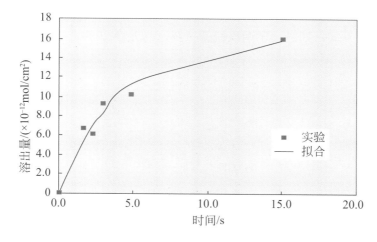

A	B/s⁻¹
16.299×10⁻¹²mol/cm²	0.243
3.52×10⁻¹²mol/cm²	
3.96×10⁻¹²mol/(cm²·s)	

接触时间/s	PAG阴离子浓度 /(×10⁻¹²mol/cm²)	拟合PAG阴离子浓度 /(×10⁻¹²mol/cm²)
0.00	0	0
1.66	6.688	5.42
2.31	6.161	7.00
2.98	9.313	8.41
4.91	10.21	11.4
15.09	16.17	15.9

图7-23　使用标准光刻胶溶出评测结果（**2009年2月25日分析**）

对于阴离子，溶出速率为3.96×10^{-12}mol/（cm^2·s）、8.28×10^{-12}mol/（cm^2·s）、6.19×10^{-12}mol/（cm^2·s）不等，在4×10^{-12}mol/（cm^2·s）到10×10^{-12}mol/（cm^2·s）范围内，总溶出量A为16.30×10^{-12}mol/cm^2、16.62×10^{-12}mol/cm^2、12.38×10^{-12}mol/cm^2，也在IMEC测得的10×10^{-12}mol/cm^{2}到20×10^{-12}mol/cm^{2}范围内。确认分析系统本身的可靠性。

在标准光刻胶溶出评测中也检测到阳离子。

7.3.4 实验与结果

使用基于丙烯酸的ArF光刻胶进行浸没过程中的溶出评测。PAG是三苯基锍/三氟甲烷/磺酸盐（TPS-OTf），保护基团是金刚烷基团（MAdMA）。光刻胶涂覆到8in Si晶圆上，涂覆厚度为400nm，预烘烤130℃/90s，PGMEA用作溶剂。为了考察不同测试时间的差异，在不同日期进行了两次测量。第一次是在2009年2月25日，第二次是在2009年11月25日。图7-24显示了PAG分解原理。

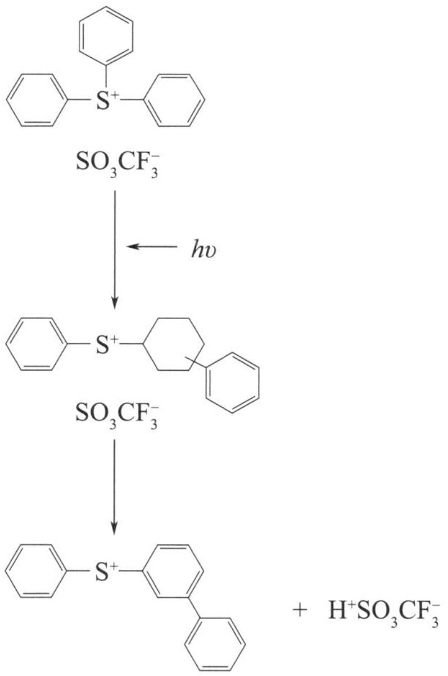

图7-24　PAG分解原理

分析结果如表7-4和表7-5所示，没有检测到任何阳离子。所检测到的阴离子，流速越低，值越高。

表7-4 阳离子测量结果

流速 /（mL/min）	阳离子	
	ppb	$10^{-12}mol/cm^2$
20（空白）	LDL[1]	LDL[2]
35	LDL[1]	LDL[2]
25	LDL[1]	LDL[2]
20	LDL[1]	LDL[2]
13	LDL[1]	LDL[2]
4	LDL[1]	LDL[2]

① <0.61。

② <2.3×10⁻⁹。

注：LDL表示定量分析的下限。

表7-5 阴离子测量结果

流速 /（mL/min）	2009年2月25日		2009年11月25日（1）		2009年11月25日（2）	
	ppb	$10^{-12}mol/cm^2$	ppb	$10^{-12}mol/cm^2$	ppb	$10^{-12}mol/cm^2$
20（空白）	LDL[1]	LDL[2]	LDL[1]	LDL[2]	LDL[1]	LDL[2]
35	2.8	0.627	3.6	0.937	3.23	0.837
25	4.6	1.025	3.6	0.947	4.21	1.117
20	3.9	0.898	4.1	1.098	4.54	1.205
13	5.6	1.265	7.9	1.730	7.50	1.738
4	15.0	2.633	12.4	2.904	9.97	2.309

① <0.61。

② <2.3×10⁻⁹。

注：LDL表示定量分析的下限。

溶出分析结果见表7-6，都显示出同一水平的值，说明测试具有良好的再现性。ASML公司将光刻胶的溶出速率1.6×10⁻¹²mol/(cm²·s)以下定为标准。从测试结果可知，本光刻胶满足标准要求。

表7-6 阴离子分析结果

日期	第1秒污染值 /（×10⁻¹²mol/cm²）	初始溶出速率 /［×10⁻¹²mol/(cm²·s)］	A/（×10⁻¹²mol/cm²）
2009年2月25日	1.04	1.32	2.63
2009年11月25日（1）	1.14	1.45	2.90
2009年11月25日（2）	0.91	1.15	2.31
平均	1.03	1.31	2.62

图7-25显示了无顶部涂层光刻胶浸没实验的测量结果。第1秒的溶出量为0.113×10^{-12}mol/cm^2，初始溶出速率为0.143×10^{-12}mol/（cm^2·s），饱和溶出量为0.288×10^{-12} mol/cm^2。

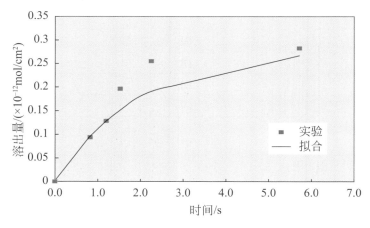

接触时间	PAG阳离子浓度/（×10^{-12}mol/cm^2）	拟合PAG阳离子浓度/（×10^{-12}mol/cm^2）
0.00	0	0
0.84	9.440×10^{-2}	9.77×10^{-2}
1.21	1.305×10^{-1}	1.30×10^{-1}
1.53	1.983×10^{-1}	1.53×10^{-1}
2.27	2.570×10^{-1}	· 1.94×10^{-1}
5.72	2.860×10^{-1}	2.70×10^{-1}

结果	A	B/s^{-1}
	0.286×10^{-12}mol/cm^2	0.500
第1秒	0.113×10^{-12}mol/cm^2	
初始溶出速率	0.143×10^{-12}mol/(cm^2·s)	

图7-25　浸没式溶出速度测量结果（No-TC型）

7.3.5　小结

使用IMEC提出的WEXA-2评估系统来测量浸没中光刻胶的溶出速度。ArF干式光刻胶的溶出速率为1.32×10^{-12}mol/（cm^2·s），第1秒污染值为1.04×10^{-12}mol/cm^2，而浸没式光刻胶的溶出速度和溶出量保持在较低水平，分别为0.143×10^{-12}mol/（cm^2·s）和0.113×10^{-12}mol/cm^2。

7.4 浸没式DP曝光技术

根据瑞利公式［式（7-1）］，如果R=32nm，NA=1.35（浸没式曝光），λ=193nm，那么k_1=0.22。一般而言，k_1为0.3以下时，无法进行有效图形化转移。为实现k_1=0.22时的图形转移，双重图形化技术被提出，其原理如图7-26所示。

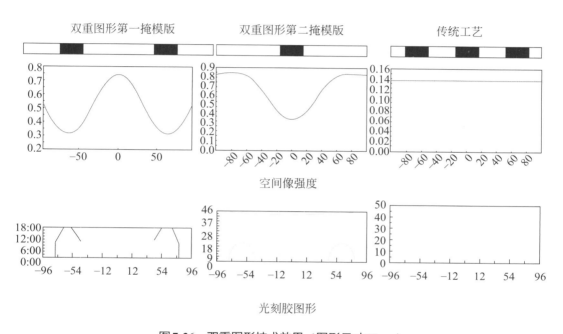

图7-26 双重图形技术效果（图形尺寸32nm）

曝光条件：

NA：1.3；

环状：0.8/0.5；

偏振化：XY偏振化（数据库型）；

掩模版的遮光部：6%/180°；

掩模版的背景：100%/0°；

图形尺寸：L/S 32nm（掩模版上无偏光）；

第一光刻胶厚度：20nm（凹形时n=1.55，k=0）；

第二光刻胶的厚度：40nm

正常的线空间图形得不到光强，但双节距空间孤立线可提供足够光强。因此，以双间距图形空间进行第一次曝光。在图形之间再进行第二次曝光以得到所需空间的图形就是双重图形技术。

为实现双重图形，开发了各种工艺，见图7-27。

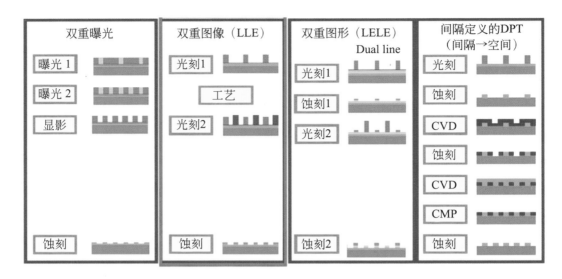

图7-27　双重曝光图形化工艺过程

双重曝光工艺技术是通过在第一次曝光之后进行第二次曝光来创建线和空间（L/S）的技术，是双重图形技术中最简单的工艺[21]。然而，由于光强重叠，难以形成精细图形。最复杂的技术是间隔工艺技术，该技术通过重复光刻、CVD和蚀刻形成L/S图形[22-25]。考虑到成本优势，双成像工艺更胜一筹。双成像法是在第一次构图后使用正性光刻胶固化图形，然后使用不同类型的正性光刻胶进行第二次构图的方法（简称为LLE法）。LLE方法在第一次构图和第二次构图之间只需要一个硬化过程，是一个相对简单的过程[26]。

7.4.1　LLE方法

LLE方法分别由TOK和JSR提出。

图7-28中显示了TOK的LLE工艺。首先，在基板上涂覆第一层光刻胶，并进行烘烤、曝光和显影以形成第一图形。然后进行硬烘烤以固化第一图形。接下来，在第一图形之间涂覆并烘烤第二层光刻胶，曝光、PEB及显影。在第一图形之间形成第二图形的线和空间图形。硬烘烤第一图形的原因是防止其图形在第二次曝光时消失。

JSR建议的固化工艺流程如图7-29所示。在形成第一图形之后，涂布固化材料并烘烤以固化第一图形。之后，以与TOK的方法[27]相同的方式涂覆、曝光和显影第二层光刻胶。

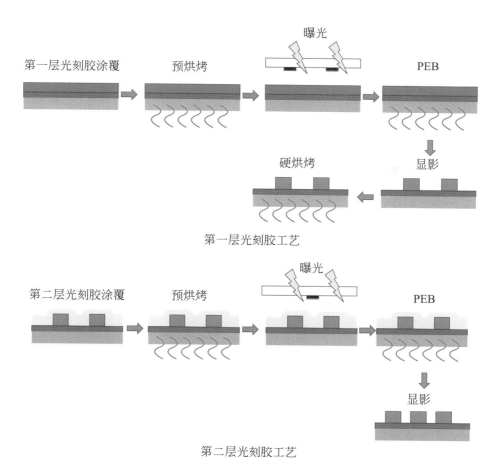

图7-28 LLE工艺过程（TOK工艺）

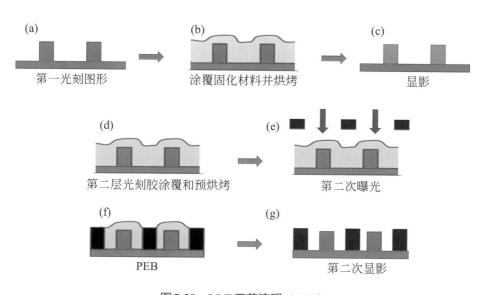

图7-29 LLE工艺流程（JSR）

7.4.2 双重图形工艺的评测

双重图形工艺评估非常耗时。曝光设备价格昂贵且工艺参数范围广泛。因此，使用模拟软件进行工艺模拟是一种方便的解决办法。图7-30显示了双重图形软件模拟的示例。

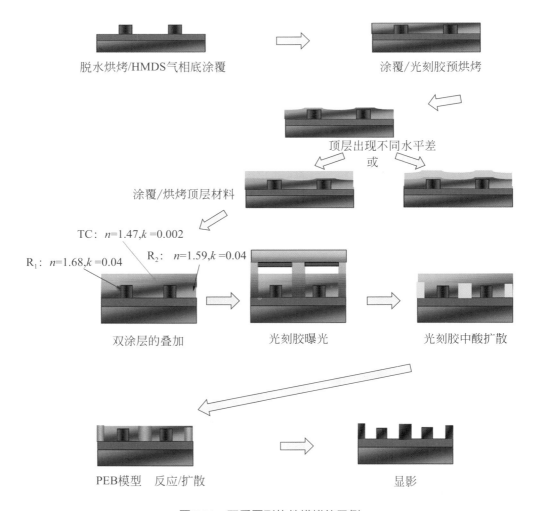

脱水烘烤/HMDS气相底涂覆

涂覆/光刻胶预烘烤

顶层出现不同水平差
或

涂覆/烘烤顶层材料

TC：n=1.47,k=0.002

R_1：n=1.68,k=0.04 R_2：n=1.59,k=0.04

双涂层的叠加

光刻胶曝光

光刻胶中酸扩散

PEB模型 反应/扩散

显影

图7-30　双重图形软件模拟的示例

形成第一图形后，对第二层光刻胶的涂覆进行模拟。此时可以考虑第一个图形的形貌，进行涂覆的模拟。使用顶部涂层时的模拟也是可能的。第二次曝光时，计算出PAG在光刻胶膜中的分布。这样，通过PEB处理的脱保护反应的计算、显影计算以及双重图形的模拟都是可能的。

模拟结果展示在图7-31中。在对第一个图形进行模拟后，对第二个图形进行模拟。

在对第一个图形进行第二次曝光和显影后，图形的收缩和图形尺寸的变小被模拟所证实。

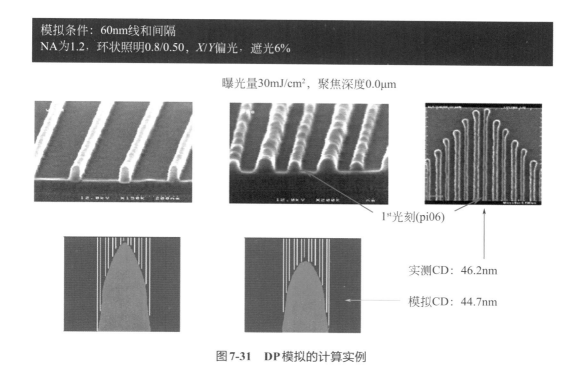

图7-31　DP模拟的计算实例

7.4.3　小结

模拟软件是对双重图形技术的工艺过程评估的有效工具，也是优化工艺过程的一种有效方式。

参考文献

[1] B. J. Lin, *Proc. SPIE* 4688, 11(2002).

[2] S. Owa and H. Nagasaka, *Proc. SPIE* 5040, 724(2003).

[3] J. Burnett and S. Kaplan, *Proc. SPIE* 5040, 1742(2003).

[4] M. Kameyama, ED Journal Seminar, *May* 27(2004).

[5] *SEMATECH 2nd Immersion Workshop*, July 11, (2003).

[6] M. Sato, *ED Journal Seminar*, May 27(2004).

[7] A. Sekiguchi, C. A. Mack, Y. Minami and T. Matsuzawa, *Proc. SPIE* 2725, 49(1996).

[8] M. Shirai, T. Shinozuka, M. Tsunooka, and T. Itani, *Proc. SPIE* 5376(2004).

[9] A. Sekiguchi, Y. Kono and Y. Sensu, Journ. *Photopolymer* 16, 463(2004).

[10] Solid-C Reference Manual, Sigma-C GmbH(2003).

[11] N. Oguri, *SEMI Technology Symposium Sec*. 2, 41(2003).

[12] M. Yang, and M. Thompson, *American Chem. Soc.*, 9, 802(1993).

[13] J. Rickert, A. Brecht, and W. Gopel, *Anal. Chem.* 69, 7, 1441(1997).

[14] S. Lee, J. Byers, K. Jen, P. Zimmerman, B. Rice, N. J. Turro, C. G. Willson, *Proc. SPIE* **6924**, 69242A(2008).

[15] M. Dusa, J. Quaedackers, O. F. A. Larsen, J. Meessen, E. van der Heijden, G. Dicker, O. Wismans, P. de Hass, K van Ingen Schenau, J. Finders, B. Vleeming, G. Storms, P. Jaenen, S. Cheng, M. Maenhoudt, *Proc. SPIE*, **6520,** 65200G(2007).

[16] C. M. Lim, S. M. Kim, Y. S. Hwang, J. S. Choi, K. D. Ban, S. Y. Cho, J. K. Jung, E. K. Kang, H. Y. Lim, H. S. Kim, S. C. Moon, *Proc. SPIE*, **6154,** 615410(2006).

[17] M. Maenhoudt, J. Versluijs, H. Struyf, J. Van Olmen, M. Van Hove, *Proc. SPIE*, **5754**, 1508(2005).

[18] W. Y. Jung, C. D. Kim, J. D. Eom, S. Y. Cho, S. M. Jeon, J. H. Kim, J. I. Moon, B. S. Lee, S. K. Park, *Proc. SPIE*, **6156**, 61561J(2006).

[19] N. Bekiaris, H. Cervera, J. Dai, R. H. Kim, A. Acheta, T. Wallow, J. Key, H. J. Levenson, T. Nowak, J. Yu, *Proc. SPIE*, **6923**, 292321(2008).

[20] M. Hori, T. Nagai, A. Nakamura, T. Abe, G. Wakamatsu, T. Kakizawa, Y. Anno, M. Sugiura, S. Kusumoto, Y. Yamaguchi, T. Simokawa, *Proc. SPIE*, **6923**, 69230H(2008).

[21] N. Oguri, *SEMI Technology symposium* Sec. 2 41(2003).

[22] A. Sekiguchi, and Y. Kono, *Proc. SPIE*, 6923, 92(2008).

[23] D. P. Sanders, L. K. Sundberg, R. Sooriyakumaran, P. J. Brok, R. A. Dipietro, H. D. Truong, D. C. Mllor, M. C. Lawson, R. D. Aller : Proc. SPIE, 6119, 3(2006).

[24] A. Sekiguchi, Y. Kono F. Oda and Y. Morimoto, *Journ. Photopolymer*, 21, 69(2008).

[25] Current Instrumental Analysis for Colour Material and Polymers, *Soft Science Inc.*, 30(2007).

[26] Current Instrumental Analysis for Colour Material and Polymers, *Soft Science Inc.*, 12(2007).

[27] Current Instrumental Analysis for Colour Material and Polymers, *Soft Science Inc.*, 7(2007).

第8章　EUV光刻胶评测技术

8.1　EUV曝光技术

　　EUV曝光技术是利用波长13.5nm的极紫外光的光刻技术。从兵库县立大学木下教授20世纪80年代的研究开始[1]。此后，ASML公司开始销售量产光刻机，EUV的时代总算要来到了。EUV瞄准的是22nm的超微细加工技术。图8-1中列出各图形尺寸的曝光波长、NA和k_1参数。考虑到22nm时，即使使用NA=1.30的浸没式曝光技术，k_1仅能达到0.15，就算使用DP技术，ArF曝光也不太可能进行22nm尺寸的图形化。

$R=k_1\lambda/NA$

	NA/CD/nm	130	120	110	100	90	85	80	75	70	65	60	55	50	45	40	32	22	6	11	8
KrF	0.70	0.37	0.34	0.31	0.28	0.25	0.24	0.23	0.21	0.20	0.18	0.17	0.16	0.14	0.13	0.11	0.09	0.06	0.05	0.03	0.02
	0.75	0.39	0.36	0.33	0.30	0.27	0.26	0.24	0.23	0.21	0.20	0.18	0.17	0.15	0.14	0.12	0.10	0.07	0.05	0.03	0.02
	0.80	0.42	0.39	0.35	0.32	0.29	0.27	0.26	0.24	0.23	0.21	0.19	0.18	0.16	0.15	0.13	0.10	0.07	0.05	0.04	0.03
	0.85	0.45	0.41	0.38	0.34	0.31	0.29	0.27	0.26	0.24	0.22	0.21	0.19	0.17	0.15	0.14	0.11	0.08	0.05	0.04	0.03
	0.90	0.47	0.44	0.40	0.36	0.33	0.31	0.29	0.27	0.25	0.24	0.22	0.20	0.18	0.16	0.15	0.12	0.08	0.06	0.04	0.03
ArF	0.70	0.47	0.44	0.40	0.36	0.33	0.31	0.29	0.27	0.25	0.24	0.22	0.20	0.18	0.16	0.15	0.12	0.08	0.06	0.04	0.03
	0.75	0.51	0.47	0.43	0.39	0.35	0.33	0.31	0.29	0.27	0.25	0.23	0.21	0.19	0.17	0.16	0.12	0.09	0.06	0.04	0.03
	0.80	0.54	0.50	0.46	0.41	0.37	0.35	0.33	0.31	0.29	0.27	0.25	0.23	0.21	0.19	0.17	0.13	0.09	0.07	0.05	0.03
	0.85	0.57	0.53	0.48	0.44	0.40	0.37	0.35	0.33	0.31	0.29	0.26	0.24	0.22	0.20	0.18	0.14	0.10	0.07	0.05	0.04
	0.90	0.61	0.56	0.51	0.47	0.42	0.40	0.37	0.35	0.33	0.30	0.28	0.26	0.23	0.21	0.19	0.15	0.10	0.07	0.05	0.04
ArF-浸没曝光	0.90							0.37	0.35	0.33	0.30	0.28	0.26	0.23	0.21	0.19	0.15	0.10	0.07	0.05	0.04
	1.00							0.41	0.39	0.36	0.34	0.31	0.28	0.26	0.23	0.21	0.17	0.11	0.08	0.06	0.04
	1.10							0.46	0.43	0.40	0.37	0.34	0.31	0.28	0.26	0.23	0.18	0.13	0.09	0.06	0.05
	1.20							0.50	0.47	0.44	0.40	0.37	0.34	0.31	0.28	0.25	0.20	0.14	0.10	0.07	0.05
	1.30							0.54	0.51	0.47	0.44	0.40	0.37	0.34	0.30	0.27	0.22	0.15	0.11	0.07	0.05
EUV（13.5）	0.25							1.48	1.39	1.30	1.20	1.11	1.02	0.93	0.83	0.74	0.59	0.41	0.30	0.20	0.15
	0.3							1.78	1.67	1.56	1.44	1.33	1.22	1.11	1.00	0.89	0.71	0.49	0.36	0.24	0.18
	0.35							2.07	1.94	1.81	1.69	1.56	1.43	1.30	1.17	1.04	0.83	0.57	0.41	0.29	0.21
	0.4							2.37	2.22	2.07	1.93	1.78	1.63	1.48	1.33	1.19	0.95	0.65	0.47	0.33	0.24
	0.45							2.67	2.5	2.33	2.17	2.00	1.83	1.67	1.50	1.33	1.07	0.73	0.53	0.39	0.27

图8-1　各图形尺寸的曝光波长和NA与k_1参数关系

使用EUV曝光，即使NA为0.25，k_1高达0.41，工艺过程有相当的余量。当NA为0.35，11nm时k_1为0.33；在8nm，NA为0.40时，k_1为0.24，通过使用EUV DP技术，8nm尺寸量产的可能性也是存在的。

EUV曝光技术的特点：

➤ 极紫外光的波长为13.5nm，比ArF（193nm）低一个数量级。

➤ 根据瑞利公式$R=k_1(\lambda/\text{NA})$，k_1=0.3、λ=13.5、NA=0.25时，R=16nm的分辨率都是可能的。

➤ 由于曝光机是由多层膜反射镜组合的反射光学系统构成，所以NA不可能大（0.45左右可能是极限），但因为波长足够短，所以可能达到精细图形的分辨率。

存在问题如下。

① 光学系统的反射镜的反射率约为70%（见图8-2）。由于光学系统组合了4～6片反射镜，曝光时光的衰减很大（4片反射镜照射时变成了掩模版照射时的24%左右）。因此，需要高亮度光源和高感光度光刻胶（5～10mJ/cm²）。

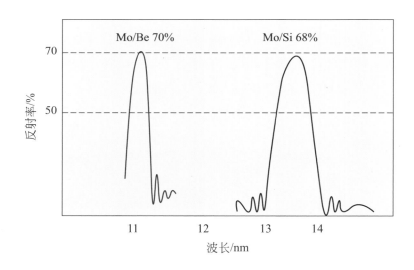

图8-2　Mo/Be和Mo/Si多层反射镜反射率与波长的关系

② 由于光学系统与基板（光刻胶）存在于同一真空系统中，因此反射镜有被来自光刻胶的脱气污染的风险。

③ 考虑到合适的产能时，曝光机需要高输出的光源（200W水平）。EUV光源如图8-3所示。目前正在研究激光激发等离子体光源和放电激发等离子体光源，哪种方法更有利于高亮度化，目前还在研究中。

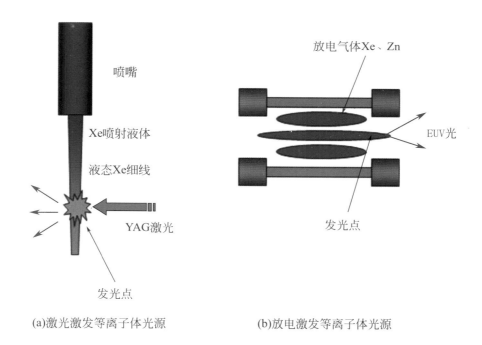

(a)激光激发等离子体光源   (b)放电激发等离子体光源

图8-3   EUV 光源

EUV 光刻胶的工艺协调平衡如图8-4所示。

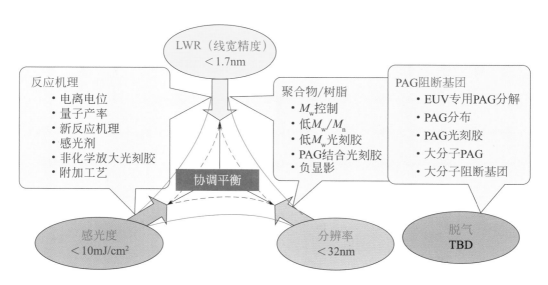

图8-4   EUV 的工艺协调平衡（分辨率=32nm时）（根据Selete的资料）

在EUV中，必须同时达到LWR、感光度和分辨率的要求。但是，这三者是此消彼长，互相制约的关系。因此，适用于EUV的新型光刻胶材料和工艺的开发迫在眉睫。

8.2 利用光刻模拟软件评估EUV光刻胶

EUV曝光设备的技术壁垒比ArF浸没曝光设备高得多。在13.5nm的波长下，由多个多层膜反射镜组合而成的反射光学系统[2]。因为对13.5nm波长没有合适的透镜材料，不能使用折射透镜。因此，EUV曝光装置的开发需要对光源、照明光学系统、投影光学系统、掩模版等要素本身进行全新的研究。EUV缩小投影曝光装置的开发正在进行中[3,4]，但是在曝光机出现之前，EUV光刻用光刻胶的开发需要在一定程度上先行。因此，我们开发了虚拟光刻评测系统，该虚拟光刻评测系统不是通过实际图形来评测光刻胶（直接评价法），而是通过EUV光进行曝光、测量各曝光量下的显影速度、以显影速度数据的光刻模拟为核心，对EUV光刻胶进行评测。

8.2.1 系统配置

虚拟光刻评测系统（VLES）由EUV曝光装置、光刻显影分析仪、光刻模拟构成。图8-5显示的是VLES系统配置示意图。图8-6显示了构成VLES的各分析装置。

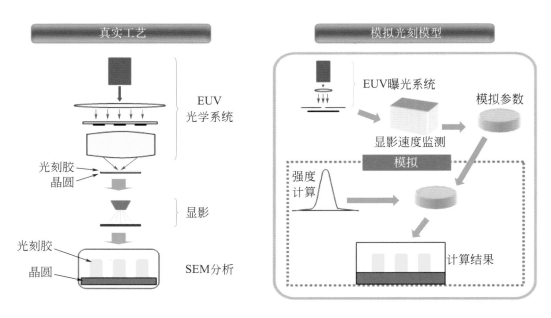

图8-5　VLES系统配置示意图

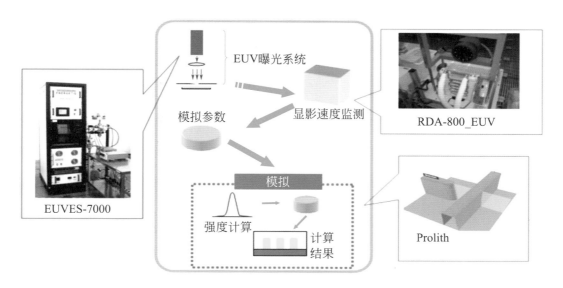

图8-6　构成 **VLES** 的各分析装置

8.2.1.1　EUV 曝光装置 EUVES–7000

该装置采用 Energetiq Technology，Inc. 的无电极 Z 夹紧式放电激发等离子体光源[5]，利用 Zr 滤光片和多层膜反射镜提取 13.5nm 的光。曝光图形是 $10mm^2$ 方框，通过改变每个方框中的曝光量，进行 12 次曝光。图8-7 显示的是设备外观以及曝光图形的照片。

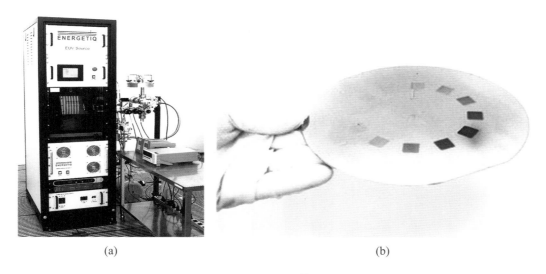

　　　　　　　　(a)　　　　　　　　　　　　　　　　　　(b)

图8-7　**EUVES-7000** 外观和曝光图形

图8-8 显示的是光束线的照片。

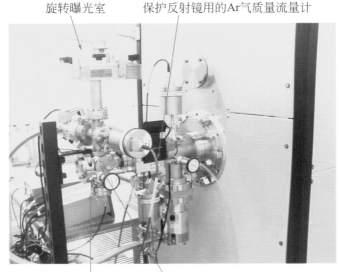

旋转曝光室　　保护反射镜用的Ar气质量流量计

功率测量二极管室　　旋转分光镜

图8-8　光束线照片

从EQ-10M发射的等离子体光通过Zr滤光器以过滤UV区域中的光。然后，通过使用Mo-Si多层反射膜仅选择性地反射13.5nm的光，并且通过孔径形成10mm²曝光区域。Mo-Si多层反射膜为旋转式。当曝光晶圆时，光以45°的反射角切换到位于上部的曝光室；当测量功率时，光被反转并切换到位于下部的功率测量二极管室。通过旋转晶圆来进行12次曝光，每次曝光的曝光量可调节。

8.2.1.2　光刻胶显影分析仪RDA-800EUV

曝光后的晶圆进行PEB处理，测量膜厚，然后用光刻胶显影分析仪测量各曝光量对应的光刻胶显影速度[6]。

8.2.1.3　EUV光刻模拟软件Prolith

将获得的显影速度数据文件导入光刻模拟软件Prolith[7]，可以进行EUV光刻模拟。

8.2.2　实验与结果

使用本系统，对正性及负性光刻胶进行EUV曝光，评测了光刻胶感光度，并用显影速度数据进行了模拟。

表8-1显示了研究中所使用的光刻胶的实验条件。对负性光刻胶，选择了电子束光刻胶SAL-601和基于环氧树脂的化学增幅型光刻胶SU-8。正性光刻胶则包括非化学放大型电子束光刻胶ZEP-520和基于丙烯酸树脂的EUVR-1和EUVR-2，以及低分子量光

刻胶EUVR-3。

表8-1 实验中使用的光刻胶的实验条件

负性						
光刻胶	厂家	预烘烤		PEB		厚度/nm
		温度/℃	时间/s	温度/℃	时间/s	
SAL-601	Rohm&Haas E.	105	60	115	60	100
SU-8	Nippon Kayaku	90	90	95	100	100
正性						
光刻胶	厂家	预烘烤		PEB		厚度/nm
		温度/℃	时间/s	温度/℃	时间/s	
ZEP-520A	Nippon Zeon	90	90	95	100	100
EUVR-1	TOK	120	90	120	90	100
EUVR-2	TOK	100	90	110	90	100
EUVR-3	TOK	110	90	100	90	100

图8-9（a）显示了负性光刻胶的显影速度曲线，图8-9（b）显示了正性光刻胶的显影速度曲线。

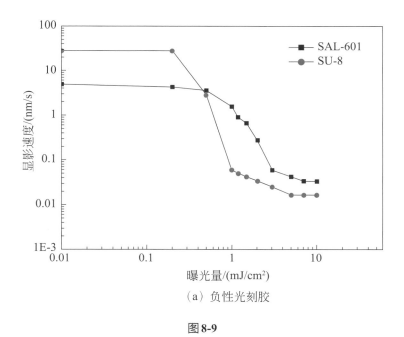

（a）负性光刻胶

图8-9

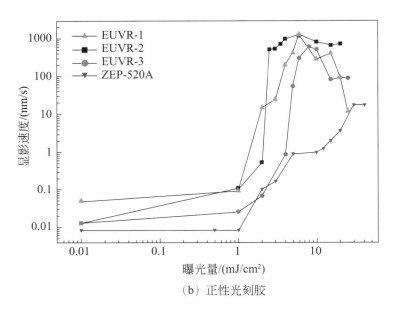

（b）正性光刻胶

图8-9　显影速度与曝光量之间的关系

表8-2显示了显影特性的评估结果。结果显示，EUVR-2有最高的对比度。

表8-2　显影特性

光刻胶		E_{th}（60）/（mJ/cm^2）	γ（60）	$\tan\theta$
正性	SAl-601	0.928	−1.445	−2.23
	SU-8	0.478	−3.023	−3.73
负性	ZEP-520A	14.710	1.669	1.90
	EUVR-1	2.562	2.325	5.06
	EUVR-2	8.574	3.997	30.75
	EUVR-3	8.497	1.528	14.53

8.2.3　模拟分析

使用EUVR-2的显影数据进行了模拟。模拟条件如表8-3所示。

表8-3　模拟条件（NIKON HiNA-3）

项目	数值
λ/nm	13.5
NA	0.3
σ	0.8
缩小倍数	1/5

图形尺寸为65nm、55nm、45nm、32nm、22nm，对线和空间（L/S）图形和孤立图形进行了研究。另外，离焦的研究是针对32nm L/S模式进行的。图8-10～图8-12显示了模拟结果。在L/S图形中，分辨率有可能达到32nm。分辨率在孤立图形中有达到22nm的可能性。另外，在离焦模拟中，预测了在-0.1～$+0.1\mu m$范围内可能得到的分辨率。

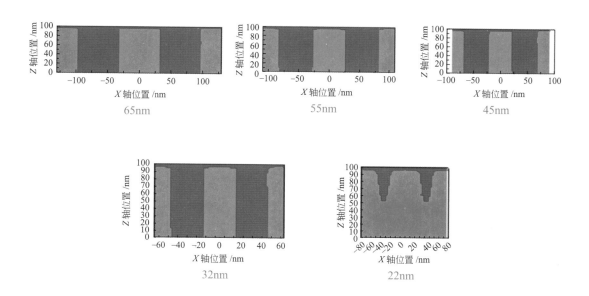

图8-10　模拟结果（线和空间图形，曝光量17.2mJ/cm^2）

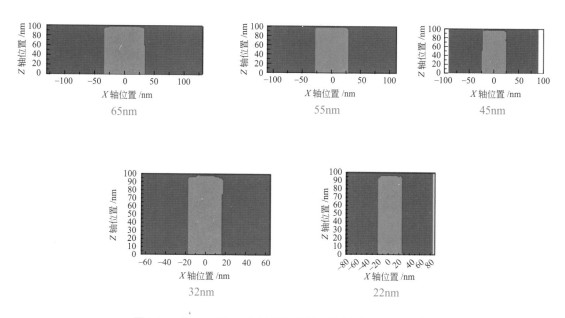

图8-11　模拟结果（孤立图形模拟，曝光量17.2mJ/cm^2）

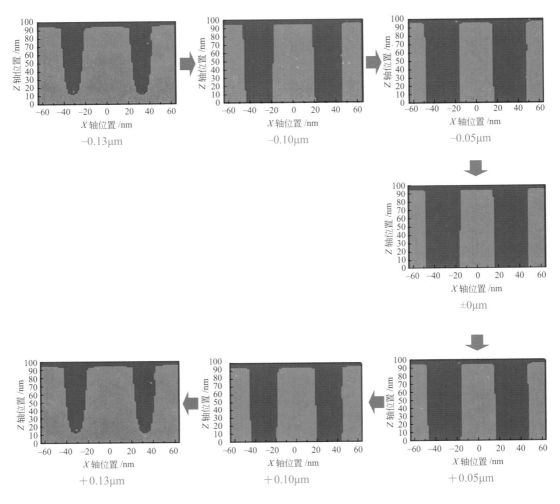

图8-12　模拟结果（离焦模拟/L/S=32nm/曝光量17.2mJ/cm²）

8.2.4　小结

　　VLES由EUV曝光装置EUVES-7000、显影速度分析仪RDA-800EUV和光刻模拟器Prolith[7]组成。利用VLES对负性光刻胶和正性光刻胶在EUV曝光中的感光度和显影速度进行了检测和比较。此外，使用所评估的光刻胶中显影对比度最高的EUVR-2的显影速度数据进行了EUV曝光模拟。模拟结果，可以预测其在L/S图形中获得32nm的分辨率，并且在孤立图形中获得22nm的分辨率。此外，计算了32nm线和空间图形的离焦特性。结果，可以预测在离焦宽度处获得约0.2μm的离焦窗口。因此，通过使用本系统，在缺乏昂贵的EUV曝光装置时，也可初步进行EUV光刻胶的材料研发和工艺开发。

8.3　EUV光刻胶的脱保护反应

虽然众多光刻机设备制造商都在努力开发EUV光刻机[23,24]，但在商用光刻机出现之前，EUV光刻用光刻胶材料的开发应该提前进行。在有关EUV的研讨会上，EUV光刻胶被列为关键问题[8]。作为光刻胶，高分辨率、高感光度、低脱气、低粗糙度都非常重要。其中，对于提高分辨率及感光度，理解EUV曝光中光刻胶的脱保护反应行为尤为重要。我们开发了与EUV光刻胶相对应的超薄膜工艺中的脱保护反应分析仪。利用本设备评测了两种EUV光刻胶的脱保护反应。

8.3.1　传统方法的问题

到目前为止，我们已经进行了诸多利用FT-IR的脱保护反应分析的研究[8-11]。在Si基板上涂覆光刻胶并曝光后，使用FT-IR装置进行PEB同时，在透射模式下观察官能团的变化，可以分析脱保护反应的行为。由于Si衬底对IR光是透过的，因此可以在透射模式下进行测量。传统装置的照片如图8-13所示。

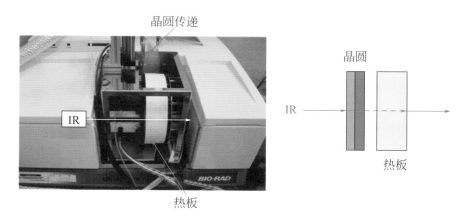

图8-13　常规脱保护反应分析仪（传统装置）

在传统装置中，使测量的IR光垂直入射到样品基板上，并且通过从获得的光谱中减去Si基板的光谱来进行分析，从而可以提取光刻胶本身的信息。当KrF光刻胶的膜厚为500～700nm时，检测器可以使用TGDS，而ArF光刻胶的膜厚为300～400nm，使用了检测灵敏度更高的MCT。用MCT检测器可测量光刻胶极限膜厚，结果如图8-14所示。

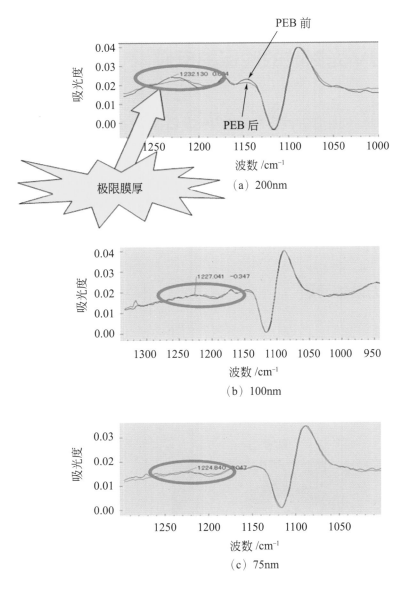

图8-14　极限膜厚测量结果（比较曝光前后KrF光刻胶的光谱）

　　将缩醛基KrF光刻胶分别以75nm、100nm、200nm厚度涂覆在Si基板上，经30mJ/cm²曝光后，研究了PEB处理前后1230cm⁻¹附近C—O键的光谱变化。结果，在200nm的膜厚下，可以确认由于脱保护引起的吸收峰的减少，但在100nm和75nm膜厚下，没有观察到变化。当光刻胶膜厚度减薄时，来自光刻胶的信息量减少，不能测量到脱保护反应。其测量极限膜厚约为200nm。在EUV曝光中，图形尺寸为45～22nm，对应光刻胶膜的厚度为100nm或更小。因此，有必要开发对应EUVL的新脱保护反应分析装置及方法。

8.3.2　与EUVL对应的新型脱保护反应分析装置

常规方法中，IR光垂直入射，仅通过光刻胶膜的厚度。如果将IR光以45°角入射光刻胶膜，有两个优点：第一个是，45°的光路是膜厚的$\sqrt{2}$倍，也就是说，光刻胶膜的表观厚度变为1.44倍；第二个优点是斜入射，引起膜内多次反射，有望达到改善信噪比的效果。图8-15为新脱保护反应测量装置。

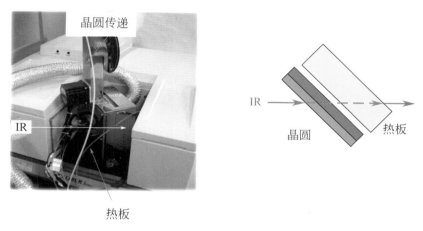

图8-15　新脱保护反应分析装置（**PAGA-100EUV**）

测量原理图如图8-16所示。当IR光以45°的角入射到光刻胶膜中时，在光刻胶膜中发生三次或更多次的反射，可以认为其信号的强度是常规方法的4倍以上。

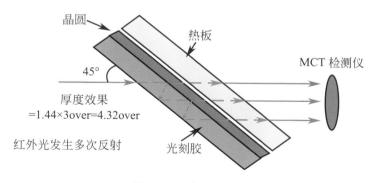

图8-16　测量原理图

尝试着确认使用本方式能够测量的极限厚度？使用KrF，缩醛型光刻胶，膜厚分别为25nm、50nm、100nm、200nm。由于传统的光学干涉膜厚计无法准确测量100nm以下的膜厚，因此使用欧姆龙公司的超薄膜厚计CSE进行了样品厚度测量[12]。结果如图8-17所示。

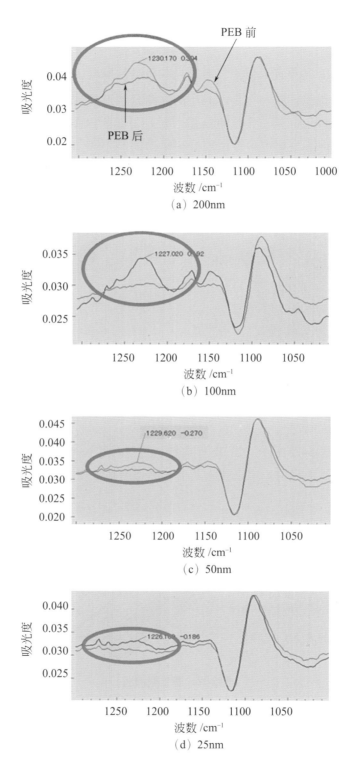

（a）200nm

（b）100nm

（c）50nm

（d）25nm

图8-17　新方法下可测膜厚极限（比较曝光前后的 KrF 光刻胶光谱）

结果表明，即使在25nm膜厚下，也可以很好地观察到脱保护反应。

8.3.3 实验与结果

新装置可以观察超薄膜光刻胶的脱保护反应，可尝试使用它研究EUV曝光的脱保护反应。

8.3.3.1 曝光波长的影响

在Si基板上涂覆厚度为100nm的KrF对应的CA光刻胶，分别用KrF（248nm）和EUV（13.5nm）光曝光，观察脱保护反应的情况。实验条件如表8-4所示。

表8-4 实验条件（KrF光刻胶）

光刻胶	制造商	PAB/（℃/s）	PEB/（℃/s）	厚度/nm	曝光量/（mJ/cm²）
缩醛基CA	TOK	80/90	110/120	100	10

将KrF对应的CA光刻胶以100nm的厚度涂覆在Si基板上。在进行预烘烤后，使用UV灯进行248nm曝光，或使用大阪大学工业科学研究所的EUV曝光装置（EUVES-7000，LTJ公司制造）[13]进行EUV曝光。曝光量均为10mJ/cm²。曝光后置于本装置，在110℃下观察脱保护反应120s。图8-18为248nm和13.5nm曝光时的IR光谱的比较。

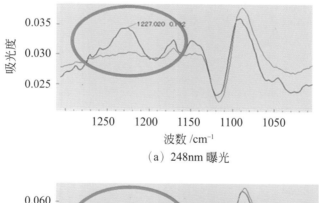

（a）248nm曝光

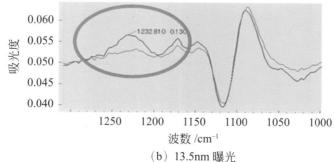

（b）13.5nm曝光

图8-18 IR光谱比较（曝光量均为10mJ/cm²）

结果表明，在248nm曝光和13.5nm曝光中都发生了脱保护反应。有报道称，对应KrF的CA光刻胶有可能应用于EUV，我们的实验结果证实了这一报道。

8.3.3.2 EUV光刻胶脱保护反应的评测

我们研究了EUV光刻胶的脱保护反应。实验用光刻胶是罗姆哈斯公司的EUV兼容CA光刻胶、MET-1K和MET-2D。实验条件如表8-5所示。

表8-5 实验条件（EUV光刻胶）

光刻胶	制造商	PAB/（℃ /s）	PEB/（℃ /s）	厚度/nm	曝光量/（mJ/cm^2）
MET-1K	R&H	130/60	90/110/130	125	16
MET-2D	R&H	130/60	90/110/130	125	16

在Si基板上以125nm的厚度涂覆了罗姆哈斯公司生产的EUV光刻胶MET。16mJ/cm^{2}下EUV曝光后，进行脱保护反应的观察。

图8-19显示的是MET光刻胶IR光谱的比较结果。两种光刻胶均可通过1230cm^{-1}附近C—O吸收峰变化来观察脱保护反应。图8-20显示了PEB温度在90℃、110℃、130℃下MET-1K和MET-2D的脱保护反应曲线。

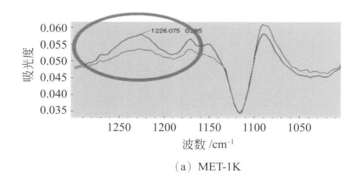

（a）MET-1K

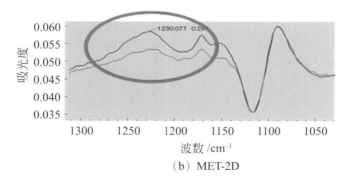

（b）MET-2D

图8-19 IR光谱比较（曝光量均为16mJ/cm^2）

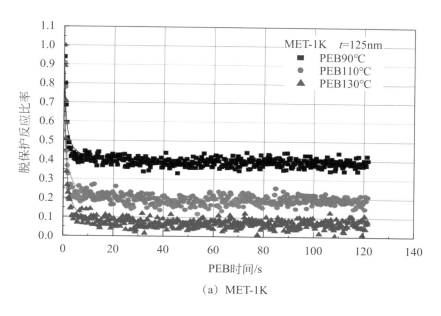

（a）MET-1K

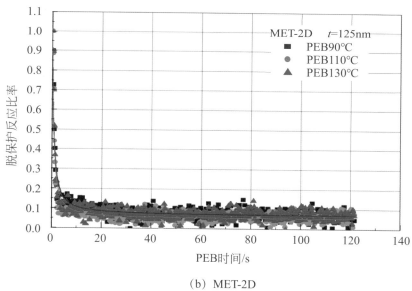

（b）MET-2D

图8-20 脱保护反应曲线

　　MET-1K和MET-2D光刻胶曝光量均为16mJ/cm²时，在PEB开始后的几秒内，脱保护反应结束。MET-1K在90℃ PEB时最终保护率为0.5，110℃ PEB时为0.3，130℃ PEB时几乎为0。与此相对，MET-2D在90℃、110℃、130℃的任何温度下最终保护率都几乎为0。

　　从得到的脱保护曲线求得脱保护反应常数（K_{dp}），绘制阿伦尼乌斯图。结果如图8-21所示。

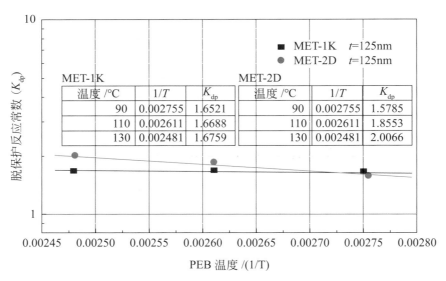

图8-21　阿伦尼乌斯图比较

得到的活化能值如表8-6所示。与MET-1K相比，MET-2D的活化能较低。

表8-6　活化能

光刻胶	E_a/（mol/kcal）	L_n（Ar）
MET-1K	3.8228	5.533
MET-2D	2.2300	3.550

注：1kcal=4.1868kJ。

8.3.4　小结

脱保护反应的评测可以使用FT-IR进行。然而，即使是MCT检测器，透射模式的膜厚测量极限也只在200nm左右。由于EUVL目标分辨率为超精细的45 ～ 22nm，因此光刻胶膜是厚度为100 ～ 50nm的超薄膜。我们开发了在超薄膜中也可观察到脱保护反应的分析装置。通常的分析方式是IR光垂直于基板入射。但简单地将光路设置为相对于基板45°，可引起膜内多次反射，光刻胶膜中的光路长度增加了很多，即使在超薄膜光刻胶中也可以很好地观察到脱保护反应。使用本装置研究了两种EUV光刻胶的脱保护反应，成功地测量了脱保护反应的活化能。

8.4　EUV光刻胶脱气评测

EUV光刻采用接近X射线的13.5nm曝光波长，曝光光只能在真空中透过，并且其光学系统也不能使用折射的透镜，只能由反射镜构成。因此，曝光晶圆和光学系统

（反射镜成像系统）必须布置在同一真空室中。但光刻胶光化学反应产生的脱气可能会使反射镜污染，因此脱气的管理变得尤为重要[14-24]。近来LTJ开发了一种脱气评测设备，用于评测在用电子束照射涂覆有光刻胶的晶圆时产生的脱气。设备的概念源自荷兰ASML公司评测EUV曝光过程中光刻胶脱气影响的实验工具[16]。

8.4.1　脱气评估装置概述

在EUV光刻曝光设备方面，ASML公司进行了诸多开创性的研发，并向市场推出了NXE3000系列曝光设备。EUV光刻中的光学系统是全反射系统，光刻胶在真空中曝光时产生的脱气降低反射镜的反射率是极为严重的问题。因此，EUV曝光时光刻胶脱气的定量评测是一个很重要的课题。

许多研究人员致力于这一领域的研究。典型的方法是用EUV光进行光刻胶曝光，并用EUV光烘烤镜面上的污染物。但是，安装了EUV光源的设备极其昂贵，而且可以在实验室内使用的EUV光源输出功率低，效率差。ASML公司通过使用电子束而不是EUV光来曝光光刻胶，并使用电子束来评估反射镜的污染，从而大大简化了设备。将电子束的曝光结果与美国商务部标准局（NIST）使用相同光刻胶的EUV曝光结果进行了比较，并进行了校准，证明电子束的脱气评测具有足够的定量精度。图8-22显示了ASML进行的脱气评测的概念。

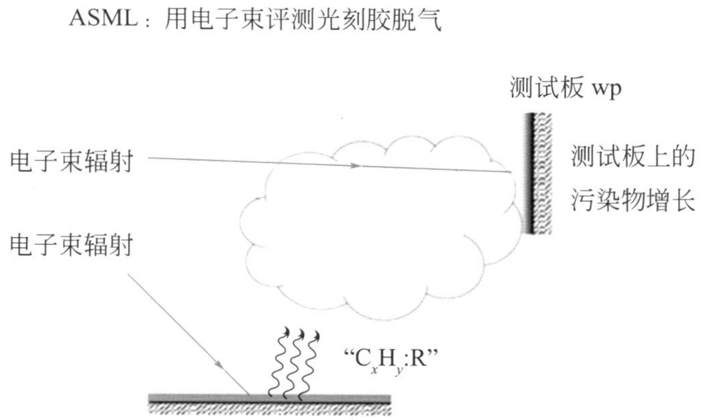

ASML：用电子束评测光刻胶脱气

图8-22　ASML的脱气评测概念图

将光刻胶涂覆到Si基板上并进行电子束曝光，所产生的碳氢化合物在腔室中移动并黏附到镜子上，被电子束照射到时形成碳，碳污染随辐射而增长。用椭偏仪测量所形成碳的膜厚，并用来推算从光刻胶产生的气体量。

8.4.2 脱气评估装置EUVOM-9000

图8-23是EUV脱气评估装置EUVOM-9000的机身外观照片。图中右边可见12in
晶圆盒，晶圆由此输入。装置还有控制台架和泵系统，未显示在照片内。

图8-23 EUVOM-9000机身外观

图8-24显示了EUVOM-9000的分析室结构示意图。

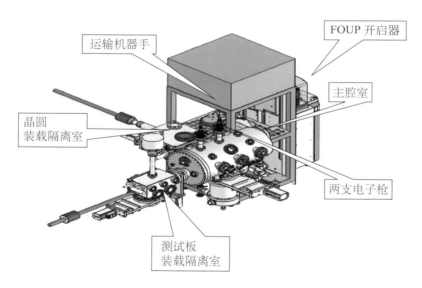

图8-24 EUVOM-9000分析室结构图

晶圆从FOUP中由机器手输送到晶圆装载隔离室。再通过手动输送轴将晶圆从装
载隔离室输送到主腔室。测试板（在上述ASML测试概念图中表示为Witness Sample）
被手动插入测试板装载隔离室，也通过手动输送轴输送到主腔室中。

主腔室结构如图8-25所示。两把电子枪安装在主腔室中，其中一个用电子束照射晶圆上的光刻胶，另一个用电子束照射测试板。主腔室还配备有Q-MAS（四极质谱仪），用于分析产生的气体。WS（Witness Sample）装载隔离室配有H_2等离子体清洗。将H_2气引入真空室里，用钨丝通电产生等离子体，清洗CG测试前的WS样品和测量完成后的WS装载室。

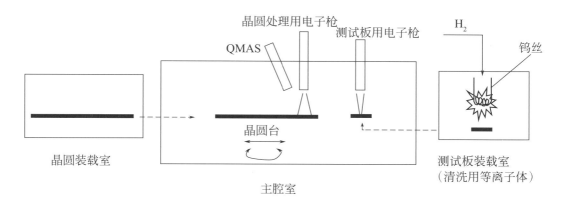

图8-25　主腔室结构示意图

EUVOM-9000的基本功能包括：用于测量光刻胶对电子束曝光的灵敏度DtC；用于确定在测试板上照射电子束时测试板上污染物的增加（CG）。光刻胶的曝光量由电子束的强度（电流值）、电子束的直径和晶圆的旋转速度来控制。图8-26显示了照射能量的计算方法。实际曝光中，通过固定照射位置与晶圆中心的距离R和电子束直径r，改变电流值I和旋转速度f来控制曝光量。

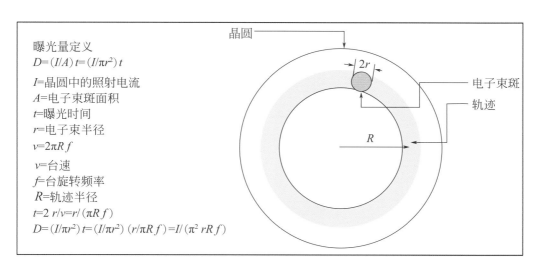

曝光量定义

$D=(I/A)\,t=(I/\pi r^2)\,t$

I=晶圆中的照射电流

A=电子束斑面积

t=曝光时间

r=电子束半径

$v=2\pi R f$

v=台速

f=台旋转频率

R=轨迹半径

$t=2\,r/v=r/(\pi R f)$

$D=(I/\pi r^2)\,t=(I/\pi r^2)\,(r/\pi R f)=I/(\pi^2 rR f)$

图8-26　照射台参数与曝光量

在DtC测试中，将涂覆有光刻胶的晶圆移入主腔室中，旋转晶圆，同时用恒定强度的电子束照射晶圆，并且通过改变旋转速度，在七个位置以不同的曝光量照射晶圆。用EUVOM-9000电子束照射至DtC（根据ASML测试手册，将显影后的线宽达到照射电子束斑直径65%的曝光量定义为DtC），进行PEB和显影后的晶圆如图8-27所示。图8-28示出了显影后每一辐射量的线宽，并确定DtC的值。

图8-27 DtC曝光后的PEB和显影晶圆

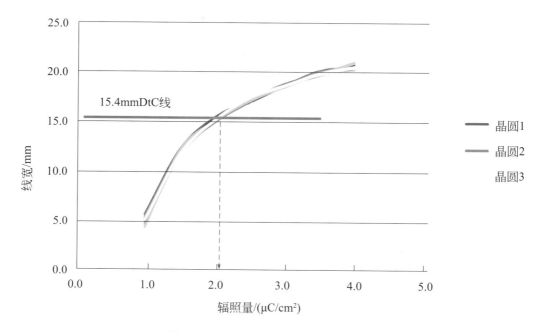

图8-28 显影后的辐照量与线宽的关系

CG的测试，将涂覆有待评测的光刻胶的晶圆导入主腔室中，确保光刻胶的曝光量与DtC值相同时，持续对晶圆曝光。同时，电子束也照射在测试板上，使光刻胶产生的气体（主要是碳氢化合物）继续在测试板上反应。用椭偏仪测量生长的碳氢化合物沉积物厚度来定量评测光刻胶的脱气。EUVES-9000具有在晶圆上画出5条圆环的同时以一定的辐射量进行CG测量的功能。在曝光量为$1\mu C/cm^2$的情况下，最大可进行1h的曝光。图8-29显示了经过1h CG曝光的晶圆显影后的状态。图8-30示出了在CG曝光期间通过椭偏仪测量沉积在测试板上的碳氢化合物的峰形状。

图8-29　CG曝光、PEB及显影后的晶圆

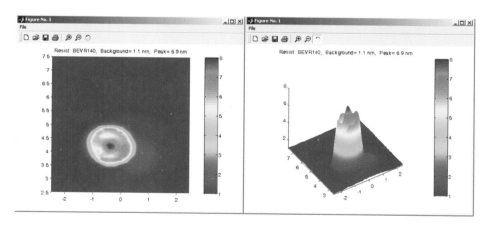

图8-30　测量结果示例

如果主腔室容积、形状、样品间的距离和真空排气速度等影响脱气达到测试板的过程的条件不同，则CG的生长也会变化。即使使用相同的光刻胶、曝光量、时间进行

CG曝光，如果装置不同，CG峰的高度和形状也可能会不同。因此，ASML采用了几种校准用光刻胶，测量这些光刻胶在NIST中用EUV光曝光时由反射镜污染引起的透射率降低，并将其与CG曝光时的测试板上的峰高进行比较，制作了标准曲线。通过该方法，可以将各个装置的测量结果转换为真实的反射镜污染程度。图8-31示意了该方法。通过使用该标准曲线，可以预先识别对EUV曝光机反射镜有严重影响的光刻胶。

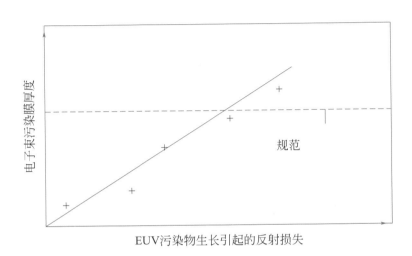

图8-31　EUV曝光时反射镜反射率降低与电子束曝光时CG峰高的关系

8.4.3　小结

通过使用该装置，可以快速评测用于EUVL光刻胶的脱气。EUVL是22nm节点的重要光刻技术，希望该设备对EUVL的开发有大的贡献。

参考文献

[1] H.Kinoshita, K.Kurihara, Y.Ishii and Y.Torri, *J.Vac.Sci.Technol.*B7(1989)1648.

[2] H.B.Cao, W.Yueh, J.Roberts, B.Rice, R.Bristol and M.Chandhok.*Proc.SPIE,* **5753**, 459, 2005.

[3] NIKON HP.

[4] ASLM HP.

[5] P.Blackborow, *Proc.SPIE,* **6151**, 25, 2006.

[6] A.Sekiguchi, C.A.Mack, Y.Minami and T.Matsuzawa, *Proc.SPIE,* **2725**, 49, 1996.

[7] Prolith Version 9.3 User's manual.

[8] 4th Intenational Symposium on EUVL, Oct 26-30, in Spein(2006).

[9] A.Sekiguchi, C.A.Mack, M.Isono ant T.Matsuzawa, *Proc.SPIE*, **3678**, 985(1999).

[10] A.Sekiguchi, Y.Miyake and M.Isono, *Jpn.J.Appl.Phys.*, **39**, 1392(2002).

[11] A.Sekiguchi, Y.Kono and Y.Semsu, *Journal of Photopolymer*, **16**,2, 209(2003).

[12] H.Okabe, M.Hayakawa, K.Mtoba, A.Taniguchi, K.Oka and H.Naito, *4th International Conference on Spectroscopic Ellipsometry*, **AI1.3**, 173, June 11-15, in Stockholm(2007).

[13] LTJ, *Proc.SPIE*,(2008)in press.

[14] Shinji Kobayashi*, Julius Joseph Santillan, Hiroaki Oizumi and Toshiro Itani, "EUV resist outgassing quantification and application", *Proc.SPIE* 7273-114(2009).

[15] Koji Kaneyama*, Shinji Kobayashi and Toshiro Itani, "EUV resist processing in vacuum", *Proc.SPIE* 7273-115(2009).

[16] Nicolae Maxim,a* Frances A.Houle,b* Jeroen Huijbregtse,a Vaughn R.Delineb, Hoa Truongb and Willem van Schaika, Quantitative measurement of resist outgassing during exposure, *Proc.SPIE* 7273-41(2009).

[17] Hiroaki Oizumi, Kazuyuki Matsumaro, Julius Santillan and Toshiro Itani, "Evaluations of EUV resist outgassing by gas chromatography mass spectrometry(GC-MS)", *Proc.SPIE* 7636-108(2010).

[18] B.V.Yakshinskiy*, R.A.Bartynski, "Carbon film growth on model MLM cap layer:Interaction of selected hydrocarbon vapor with Ru(10-10)surface", *Proc.SPIE* 7636-14(2010).

[19] S.B.Hill* a, N.S.Faradzhevb, L.J.Richtera, and T.B.Lucatortoa, "Complex species and pressure dependence of intensity scaling laws for contamination rates of EUV optics determined by XPS and ellipsometry", *Proc.SPIE* 7636-13(2010).

[20] K.Murakami*, T.Yamaguchi, A.Yamazaki, N.Kandaka, M.Shiraishi, S.Mastunari, T.Aoki and S.Kawata, "Contamination study on EUV exposure tools using SAGA Light Source(SAGA-LS)", *Proc.SPIE* 7636-67(2010).

[21] I.Pollentiera, A-M.Goethalsa, R.Gronheida, J.Steinhoffb, and J.Van Dijkb, "Characterization of EUV optics contamination due to photoresist related outgassing", *Proc.SPIE* 7636-69(2010).

[22] Michael Carcasi*a, Mark Somervella, Steven Scheera, Siddharth Chauhanb, Jeffrey Strahanc, C.G.Willsonc, "Extension of 248 nm Monte Carlo, Mesoscale Models to 193 nm Platforms", *Proc.SPIE* 7639-108(2010).

[23] Masamitsu Shiraia, Koichi Makia, Haruyuki Okamuraa, Koji Kaneyamab, Toshiro Itanib, "Highly Sensitive EUV Resist Based on Thiol-Ene Radical Reaction", *Proc.SPIE* 7639-70(2010).

[24] I.Pollentier, I.Neira, and R.Gronheid, Assessment of Resist Outgassing related EUV optics Contamination, *Proc.SPIE* 7972-07(2011).

第9章 纳米压印工艺的优化及评测技术

9.1 使用光固化树脂进行纳米压印的工艺优化和评测

9.1.1 简介

在100nm以下的技术节点上，已经研究了多种光刻方法，如193nm浸没式、EB、EUV和纳米压印。在这些方法中，纳米压印因为不需要昂贵的曝光系统，吸引了很多注意[1]。压印光刻技术有热压印和光压印两大类。在热压印中，树脂在高于玻璃化温度（T_g）的温度下软化，并将模具压在上面进行图形制作。而光压印技术是将一个透明的模具压在液体树脂上，紫外光照射使其固化。

热压印[2-6]可使用任何热塑性树脂，材料选择高度自由。即使加热到T_g以上，树脂也不会变成液体，因此容易从模具中脱出。并且，由于压印是在高压下进行，所以成膜的厚度分布范围不大，一般不会出现干涉条纹。但是要在高于T_g的温度下用$10 \sim 30$MPa的压力压制模具，需要一个大型的压力装置。之外，它还有一个温度上升和下降的热过程，产能是一个问题。而光压印法[7-9]只需将液体树脂填充在模具中，不需要很大的压力，装置可小型化。与热压印相比，它们也不需要热过程，产能方面具有优势。当然，光压印法需要光固化树脂，树脂选择范围受限。此外，由于树脂是液态的，它对平台和模具的平行度和平整度很敏感，这容易导致成膜的厚度分布不均匀（干涉条纹）。

我们提出了一种结合了热压印和光压印两者优点的方法（预曝光工艺，以下简称

PEP法），并通过实验来测试这种方法的效果。PEP本质上是一种光压印，但在树脂压制前有很弱的曝光，可使光刻胶稍微固化并增加其硬度。这时树脂仍保持柔软，类似于热压印中T_g以上的状态，但允许光压印。我们使用具有曝光功能的FT-IR系统[10]来评测PEP方法中的光交联度，并研究了曝光和交联度之间的关系。基于这些结果，进行了压印实验，证实了PEP方法的有效性。

9.1.2　实验设备

图9-1为日本Litho Tech公司（LTJ）的热和光两用压印机。通过伺服电机和滚珠丝杠驱动，最大可施压力为20MPa。同时带有紫外光源，紫外光通过光纤引至压印台并照射模具。可以通过操作面板上设置的任意曝光量来曝光。该系统还配备了真空室，能够在真空中进行热压印和光压印。

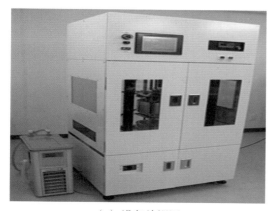
（a）设备外视图

（b）压印台

图9-1　压印机

图9-1（b）中显示正在进行紫外线照射（实际使用时该室是封闭的，室内保持真空状态）。放置晶圆的样品台配备了X、Y、Z和θ方向的简单对准功能，可用于压印时的对准。使用的模具1in见方（模具最大可用50mm×50mm），如果光学压印需要对准时，可以使用石英玻璃模具。支持直径从2in到6in的基板。此外，设备包括一个用于热压印的加热和冷却装置，加热温度高达200℃，冷却方式为水冷。

9.1.3　预曝光工艺（PEP）

图9-2是传统光压印和PEP之间的工艺流程比较。

传统工艺	预曝光工艺
旋涂光刻胶	旋涂光刻胶
压印	UV预曝光
UV曝光	压印
脱模	UV曝光
清洗	脱模
蚀刻	清洗
	蚀刻

图9-2　传统工艺与PEP工艺的比较

在传统的光压印法中，光刻胶在涂覆后立即被压印，然后曝光。而在PEP工艺中，在压印前进行非常弱的曝光，这将使液体光刻胶稍微固化。此后，以与传统压印方法相同的方式进行压印，然后用紫外光完全曝光。

9.1.4　实验与结果

9.1.4.1　实验方法

本研究中使用的光刻胶是PAK-01（Toyo Gosei Kogyo公司生产）。PAK-01是一种基于丙烯酸树脂的自由基聚合型光压印树脂。实验条件见表9-1。

表9-1　实验条件

光刻胶	PAK-01（Toyo Gosei Kogyo）
类型	丙烯酸树脂/自由基聚合型
预烘烤	无
膜厚	4500nm
曝光	广谱光源（300～400nm）

首先，使用具有曝光功能的FT-IR系统[10]测量了树脂曝光时对应的官能团变化，并研究了曝光量与交联度之间的关系。接下来，通过改变预曝光的曝光水平，在一个没有图形的石英模具上进行了光压印实验，并测量了不同预曝光量时薄膜厚度分布。得到良好的无干涉条纹的膜厚分布时为最佳预曝光量。以最佳预曝光量对带有图形的石英模具进行光压印实验，与没有预曝光的传统光压印进行了准确性比较。

9.1.4.2　用FT-IR测量交联度

使用具有曝光功能的FT-IR系统（LTJ PAGA-100），对涂覆有4500nm厚度的PAK-01硅晶圆进行曝光，测量光谱吸收的变化。

PAK-01的交联反应如图9-3所示，FT-IR测量结果如图9-4所示。PAK-01在紫外线照射下会分解光引发剂并产生自由基。这些自由基导致丙烯酸聚合。不饱和低聚物的聚合反应减少了乙烯基。因此，曝光量和树脂的交联度之间的关系可以通过检查曝光时乙烯基（1630cm^{-1}）的变化量来确定。

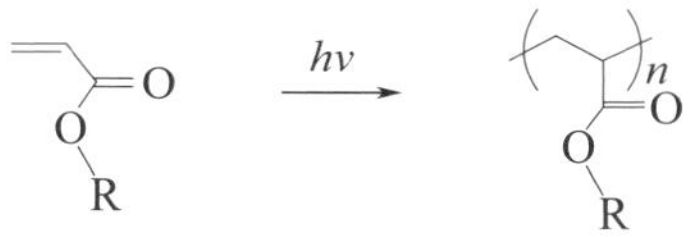

图9-3　PAK-01的交联反应

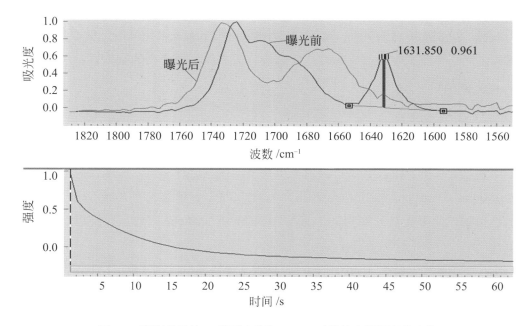

图9-4　曝光前后的IR光谱变化和1630cm^{-1}处的官能团吸收变化

在1630cm^{-1}附近的光谱吸收有下降，说明曝光引发了官能团的交联反应。曝光的光照强度为1mW/cm^2，即曝光时间1s，曝光量为1mJ/cm^2。未曝光的吸收峰面积被定义为交联度为0，完全曝光的曝光量和交联度之间的关系可以通过将0曝光时的峰面积归一化为100的交联度而得到（图9-5）。

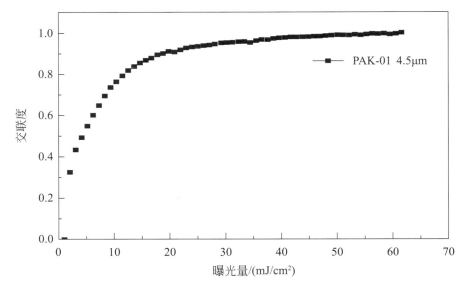

图9-5　交联度和曝光量的关系

在图9-5中可见，假设60mJ/cm^{2}时的交联度被设定为100%，10mJ/cm^{2}时的交联度约为70%，20mJ/cm^{2}时为90%。曝光量在1mJ/cm^{2}到5mJ/cm^{2}之间时，交联度预计在0到50%之间。当交联度超过50%时，光刻胶将失去压印所必需的柔软性。所以预曝光量设定为5mJ/cm^2。

9.1.5　预曝光方法的影响

预曝光效果用一个没有图形的扁平石英玻璃模具进行测试。压印实验的曝光量分别为0mJ/cm^2、1mJ/cm^{2}和3mJ/cm^2，压力为1.5MPa，主曝光量为700mJ/cm^2。图9-6显示了当预曝光的曝光量分别为0mJ/cm^2、1mJ/cm^{2}和3mJ/cm^{2}时的压印结果（观察膜厚分布）。

在没有预曝光的情况下（0mJ/cm^2），出现光干涉条纹［图9-6（a）中圈出的区域］，表明膜厚分布不好。在1mJ/cm^{2}和3mJ/cm^{2}预曝光时，发生交联反应，光刻胶的硬度增加，所以膜厚分布稳定，没有干扰条纹出现。图9-7显示了压制后的残留膜厚度分布。

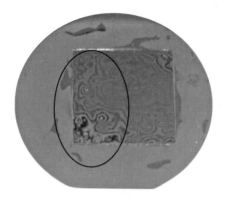

(a) $0mJ/cm^2$

(b) $1mJ/cm^2$

(c) $3mJ/cm^2$

图9-6 预曝光的影响

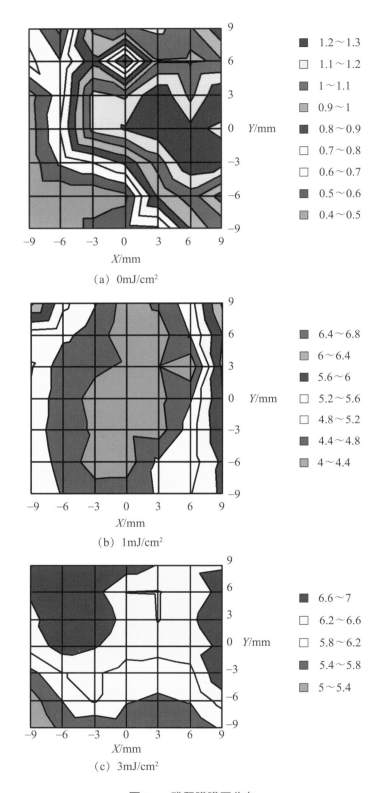

■	1.2～1.3
□	1.1～1.2
■	1～1.1
■	0.9～1
■	0.8～0.9
□	0.7～0.8
□	0.6～0.7
■	0.5～0.6
■	0.4～0.5

（a）0mJ/cm²

■	6.4～6.8
■	6～6.4
■	5.6～6
□	5.2～5.6
□	4.8～5.2
■	4.4～4.8
■	4～4.4

（b）1mJ/cm²

■	6.6～7
□	6.2～6.6
□	5.8～6.2
■	5.4～5.8
■	5～5.4

（c）3mJ/cm²

图9-7　残留膜膜厚分布

在没有预曝光的情况下（0mJ/cm²），厚度分布的差异大约为2倍。而在1mJ/cm²和3mJ/cm²曝光量下，膜厚度分布没有大的差异，但3mJ/cm²的变化比1mJ/cm²的要小。对于PAK-01，3mJ/cm²足以达到良好的预曝光效果。因此选择3mJ/cm²作为预曝光量，使用图形化的模具通过PEP方法进行光压印实验。使用同样的模具，也进行了没有预曝光（0mJ/cm²）的光压印实验，并对结果进行了比较。

这些模具是由石英玻璃制成的凸模，含有1～5μm的L/S和孤立线，高度都是2μm，最小线宽为1μm，长宽比为2。在没有预曝光和预曝光量为3mJ/cm²，主曝光量为700mJ/cm²的条件下，用相同的图形模具，压力为1.5MPa，在边长35mm方形硅晶圆上进行了光压印实验。图9-8是图形化后的基板照片。

（a）传统方法　　　　　　　　　　　　　（b）PEP 法

图9-8　传统和PEP（预曝光量3mJ/cm²）压印图形化基板的比较

在没有预曝光的情况下（左边），与没有图形的情况一样观察到明显的干涉条纹[图9-8（a），圈出的区域]。相比之下，在3mJ/cm²预曝光的条件下，得到了一个没有干涉条纹的良好图形。

9.1.6　分析与讨论

传统光压印和PEP方法的示意图显示在图9-9中。

在光压印中，将树脂涂覆在基板上，并在模具压到基板上同时进行紫外光照射以固化树脂。传统压印时，树脂被旋涂（涂覆后不烘烤），模具压印在基板上。由于树脂处于液体状态，低的压力足以使其填充模具图形。且由于树脂是液态的，模具的平整度也被原样转印[图9-9（a）]。而PEP方法中，在模具被压印之前，要进行大约3mJ/cm²的预曝光，这时树脂的固化度约为30%，树脂黏度与热压印光刻胶在高于T_g温度下软化时的黏度相似。模具压印时，用紫外光照射来纠正模具的平整度，可以得到一个没有干涉条纹的良好图形。

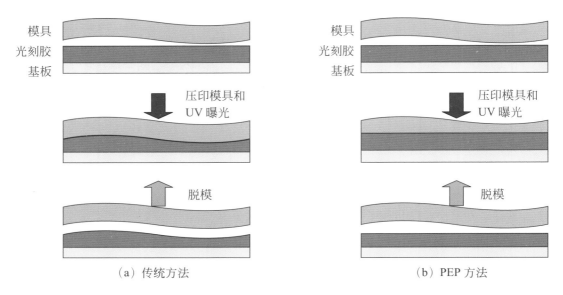

模具		模具
光刻胶		光刻胶
基板		基板

压印模具和
UV 曝光

脱模

（a）传统方法

压印模具和
UV 曝光

脱模

（b）PEP 方法

图9-9　传统的光压印法和PEP法示意图

图9-10显示了用PEP法转移的160nm、200nm、320nm和360nm图形的SEM照片。结果显示可以获得良好的图形转移。

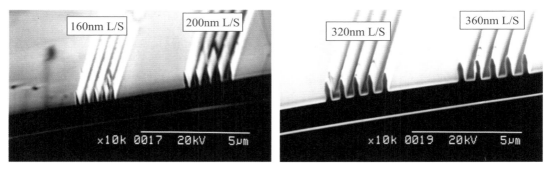

（a）160nm、200nm 线和间隔图形　　　　（b）320nm、360nm 线和间隔图形

图9-10　PEP法的图形转移

9.1.7　小结

尝试通过PEP法来解决光压印中膜厚不均匀分布的问题。利用具有曝光功能的FT-IR系统（LTJ PAGA-100），确定了PAK-01的曝光量与交联度之间的关系，得到了预曝光量的最佳值，并使用无图形的模具进行了光压印实验。结果，证实了PEP法对膜厚分布的改善效果，也证实了PEP法可以实现良好的图形转移。

9.2 使用光和热固化树脂进行纳米压印的工艺优化和评测

9.2.1 引言

SU-8（Kayaku Microchem Co.，Ltd.）是一种能提供良好的高宽比形状的光刻胶，也适合作为永久型光刻胶应用。因此，它已被应用于MEMS（微电子机械系统）、IC封装（凸块、绝缘体、封装）、微流体（喷墨、微反应器、生物芯片）。SU-8是一种基于环氧树脂的化学增幅负性光刻胶，在曝光过程中会产生强酸，在曝光后烘烤（PEB）时，酸催化树脂的交联反应，使光刻胶变得不溶于显影液[11,12]。我们将MEMS工艺中最常用的SU-8应用于纳米压印，并研究了是否有可能通过优化工艺得到低于100nm的图形。

9.2.2 SU-8压印存在的问题

SU-8是一种用于光刻的光刻胶。通常使用曝光机将掩模版图形转移到光刻胶上，然后进行曝光后烘烤（PEB），在曝光过程中产生的光酸作为树脂交联的催化剂。树脂在特定的温度和时间下经过PEB后完全交联。

在这项研究中，尝试将光刻技术中使用的标准工艺条件应用于压印。使用的压印系统是LTNIP-5000[13]，由LTJ公司制造。这种设备既能进行热压印，也能进行紫外光压印，适用于SU-8等类型的光刻胶。实验中，光刻胶热压印形成图形，然后进行紫外光曝光和PEB交联[14]。

SU-8光刻技术的标准工艺条件[1]如下所示。

涂层：旋转涂覆法

预烘烤：65℃/2min+95℃/5min

曝光：紫外光（365～436nm）

PEB：125℃/5min

显影：在专用显影液中浸泡显影7min

图9-11显示了SU-8应用于压印过程中的工艺流程。

SU-8压印结果如图9-12所示。光刻胶厚度为2μm，模具由石英制成，1μm的L/S图形，模具深度为1μm。通过压印工艺形成了1μm的L/S图形。但在图形上方观察到了孔状缺陷。说明完全照搬用于光刻的工艺条件并不适合SU-8的压印。

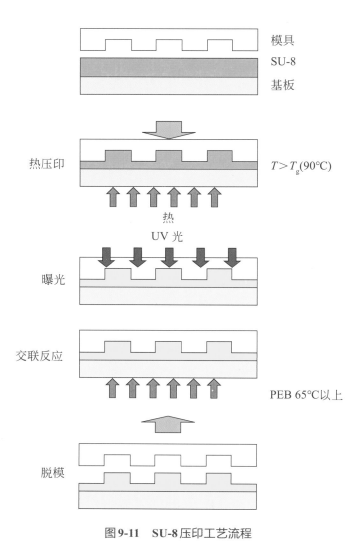

模具

SU-8

基板

热压印　　　　　　　　　　　　　　　$T > T_g(90℃)$

热

UV 光

曝光

交联反应

PEB 65℃以上

脱模

图9-11　SU-8压印工艺流程

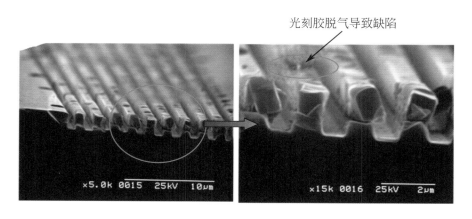

光刻胶脱气导致缺陷

图9-12　SU-8压印结果（根据光刻工艺条件）

9.2.3 工艺条件优化

9.2.3.1 预烘烤条件

图9-12中显示的孔状缺陷可能是压印过程中从光刻胶中产生的气体造成的。压印中，曝光和PEB是在模具压在表面的情形下进行的。因此，在PEB过程中产生的气体困于模具的凹陷部分（转移后图形的凸起部分），这应该是孔状缺陷产生的原因。我们通过GC-MS研究了在曝光和PEB过程中，光刻胶会产生什么样的脱气。将SU-8涂覆在Si基板上，在仅仅曝光或曝光后，基板在不同的温度下被加热（相当于PEB），从光刻胶中产生的脱气用吸附剂（TENAX）来收集[15]。然后使用脱附和捕集系统对VOC成分进行热解吸，并将其引入GC-MS分析。表9-2显示了在不同的PEB温度下，曝光和不曝光时的气体成分。结果显示，只是曝光没有加热的情况下仅仅检测到丙酮。但无论是否曝光，加热都会产生大量的气体，其主要成分是丙酮、环戊酮和正己烷。环戊酮是光刻胶的一种稀释溶剂。

表9-2 仅曝光、曝光+PEB和仅PEB条件下的脱气成分

序号	气体	分子量	仅曝光	EXPO 400mJ/cm² X 9shot					无曝光
				PEB65℃	PEB75℃	PEB95℃	PEB105℃	PEB125℃	PEB95℃
1	丙酮	58	○	○	○	○	○	○	○
2	环戊酮	84		○	○	○	○	○	○
3	己烷	86		○	○	○	○	○	○
4	二氧杂环乙烷	102						○	
5	正戊烷	114	○						
6	正庚烷	128	○						
7	PGMEA	132		○	○	○	○	○	○

注：○—含有。

图9-13显示了每个成分的PEB温度和单位面积的脱气量。研究发现，脱气量随PEB温度的增加而增加，特别是在95℃以上。

图9-14显示了当涂覆光刻胶后的预烘烤时间从5min延长到30min时，基板的加热温度和脱气量之间的关系。30min的预烘烤使脱气逸出，而随后的PEB中，当PEB温度低于95℃时几乎没有气体产生。这表明充分的预烘烤对去除残留的VOC非常重要。

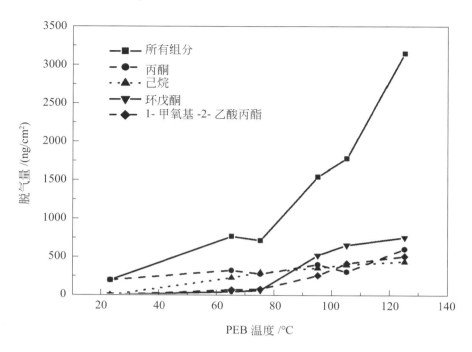

图9-13　PEB温度与脱气量之间的关系

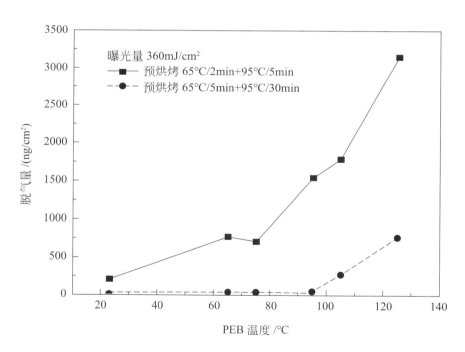

图9-14　PEB温度和总脱气量之间的关系

（预烘烤95℃/5min 与预烘烤95℃/30min）

9.2.3.2 压印温度的优化

当使用SU-8进行压印时，在压印前，光刻胶首先要保持在高于T_g的温度下，以软化树脂。我们使用流变仪研究了什么温度是最优的[16]，样品板被放在平台和应力感应轴之间，旋转力从下部平台施加到样品上。然后用上轴和连接轴的应力传感器来测量应力。测量时，样品用加热器控制温度。图9-15显示了流变仪的外观和原理。

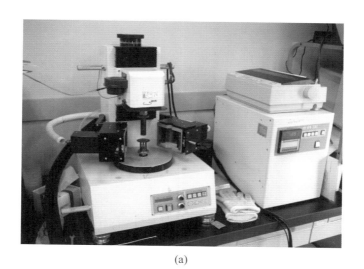

图9-15 流变仪的外观和原理

样品厚度为200μm，温度在40 ～ 130℃范围内变化，测量了树脂弹性模量与温度的关系，结果显示在图9-16。SU-8在65℃以上的温度下会急剧变软。但在95℃以上的温度下，可能会产生脱气，因此热压印的最佳温度是65 ～ 95℃之间。

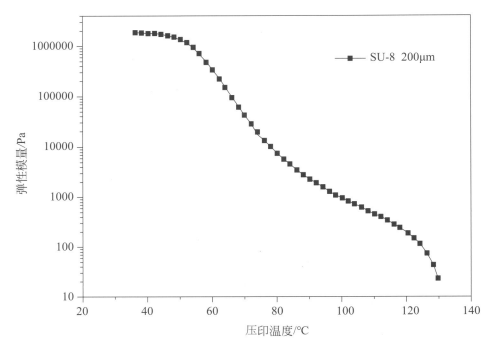

图9-16　压印温度与弹性模量的关系

9.2.3.3　交联反应的最佳PEB温度

通过热压印对SU-8进行图形化后，进行曝光和PEB来固化树脂。使用带加热系统的FT-IR研究了PEB的最佳温度[7]。图9-17是带加热的FT-IR系统的外观。

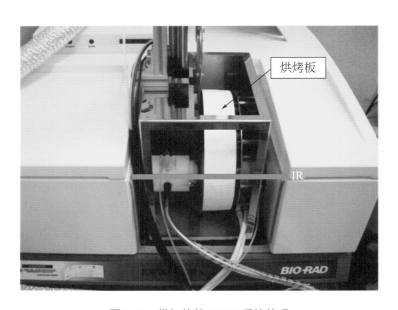

图9-17　带加热的FT-IR系统外观

曝光后样品晶圆被移动到烘烤板上。加热后，测量红外吸收光谱的变化。图9-18显示了PEB温度为65℃，曝光量为125mJ/cm²时，吸收光谱的变化与加热时间的关系。

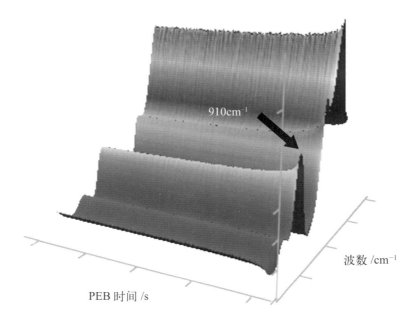

图9-18 环氧基团在PEB下的红外吸收变化（曝光量：125mJ/cm²，PEB：65℃）

在SU-8光刻胶中，通过曝光产生的光酸作为催化剂，在随后的加热中进行交联反应（图9-19）。

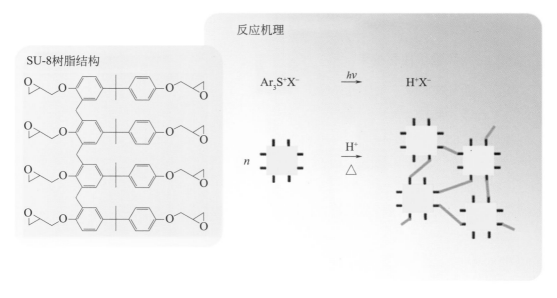

图9-19 反应机理

通过观察910cm^{-1}处环氧基团的开环反应，可以观察到交联反应。图9-20显示了在不同PEB温度下交联度和PEB时间之间的关系，这是根据FT-IR数据计算出来的。结果表明，在65℃以上的温度下，PEB超过10min可获得90%以上的交联度。从抑制脱气的必要性出发，PEB的温度应该是95℃或更低。

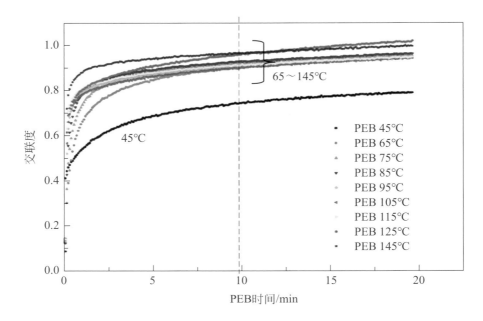

图9-20　不同PEB温度下交联度和PEB时间的关系

9.2.4　实验过程

9.2.4.1　实验条件和结果

压印实验是按照以下条件进行的。

（1）涂覆（旋转涂覆法）

预烘烤：65℃/2min+95℃/30min

（2）压印

压印时间：5min

压印温度：65℃、75℃、85℃、95℃、105℃、125℃

（3）曝光

300mJ/cm^{2}的紫外光灯照射。

（4）PEB

PEB时间10min。

（5）PEB温度：65℃、75℃、85℃、95℃、105℃、125℃。

通过改变压印温度和PEB温度来转移1μm图形，并利用显微镜进行观察，结果显示在表9-3中。

结果显示，在压印温度高于85℃时，获得了良好的图形，而在PEB温度高于105℃时，观察到了气泡缺陷。因此，SU-8的最佳压印条件是95℃/5min，PEB条件是95℃/10min。

表9-3　压印结果（显微镜观察）

PEB温度/℃ 　　　 压印温度/℃	65	75	85	95	105	125
65	NG	NG	NG	NG	NG	NG
75	NG	NG	NG	NG	NG	NG
85	OK	OK	OK	OK	NG	NG
95	OK	OK	OK	OK	NG	NG
105	OK	OK	OK	OK	NG	NG
125	NG	NG	NG	NG	NG	NG

注：NG—脱气；NG—无分辨率；OK—好。

9.2.4.2　低于100nm图形的压印

从上述结果中，得到了应用SU-8进行压印的最佳条件。图9-21显示了SU-8的优化工艺条件。

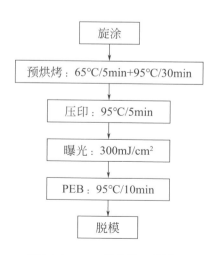

图9-21　SU-8最优的工艺流程

采用这种工艺条件进行了50nm线和空间图形以及100nm柱状图形的压印实验。用于实验的压印设备的外观显示在图9-22中[17]。

 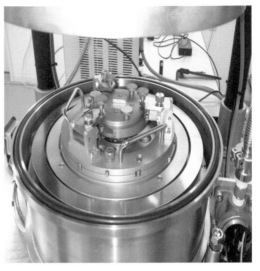

（a）主机 　　　　　　　　　　（b）真空室中的晶圆和模具夹具

图9-22　热压印和紫外压印双功能

纳米压印机（**LTNIP-5000**）

所用的模具是凸版印刷公司生产的用于压印的石英模具[18]。压印结果如图9-23所示；确认使用SU-8可以很好地实现50nm的线和100nm的柱状图形。

 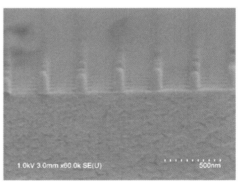

（a） 　　　　　　　　　　　　（b）

图9-23　50nmL/S图形（L/S=1∶2）和

100nm柱状图形（P/S=1∶2）压印结果

9.2.5　小结

将MEMS工艺中使用的环氧树脂基化学增幅负性光刻胶SU-8应用于压印。使用与光刻技术同样的工艺条件，由于脱气而产生了孔状缺陷。通过改变预烘烤温度、压印温度和PEB温度，得到了优化的工艺条件。使用这些条件，尝试了100nm以下的图形制作，并得到了良好的结果。

9.3　无需脱模工艺的复制转印技术

9.3.1　简介

光刻技术是制造先进半导体的最重要工艺之一。投影光刻系统是最常用的，但它们非常昂贵。另外，集成电路微细化还伴随着各种问题，如由于阶梯式的几何形状造成的处理尺寸和聚焦深度的下降。为实现低成本、高性能，纳米压印和软接触光刻技术随之出现。在这项技术中，使用模板将图形转移到基材上。模板通常由石英、Si、Ni或PDMS制成。模板被重复使用，在图形形成后脱模。纳米压印和软接触光刻图形转移方法的局限性，都与图形化后的脱模有关。这些局限包括缺陷的转移、光刻胶的分离、模板的损坏、对高密度图形仅能小尺寸范围对应，以及不能对应不完全平整的基板。

解决这些问题的其中一个方法是复制转印法[19]，也被称为MXL（分子转移光刻），是由美国转移器件公司（以下简称TDI）的Charles D.Schaper博士首先提出的。其使用水溶性材料通过主模板制作一个复制模具，然后将复制模具用于纳米压印。复制的模具在水显影过程被溶解，形成图形。通过使用这种方法，有可能避免压印过程中的脱模过程。日本Lithotech公司（以下简称LTJ）和TDI共同研究了这项技术，并将其引入了日本市场。

9.3.2　制作复制模具（MXL模板）

复制转印的第一个步骤是制作一个由特殊聚合物制成的复制模具。复制的模具用于纳米压印。它在纳米压印时只使用一次。图形化之后，复制的模具被溶解在水中，从而实现快速和低成本的纳米压印。图9-24显示了典型的复制模具制备技术。

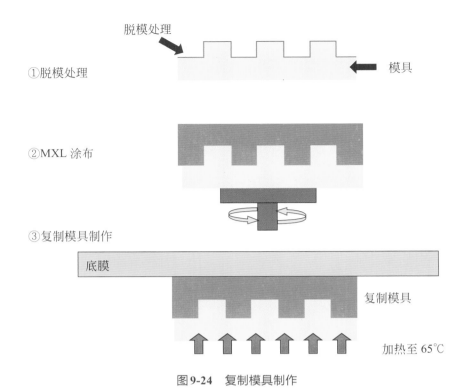

①脱模处理

②MXL 涂布

③复制模具制作

图9-24　复制模具制作

制作程序如下：在溶剂蒸发（烘烤）之后，母模的图形被转移到薄膜上；然后对聚合物载体的薄膜进行压制和加热，使其与母模分离，从而完成模具的复制。图9-25是一张从石英模复制出来的复制模的照片。

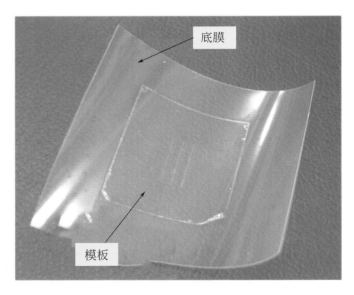

图9-25　复制的模具

9.3.3 复制转印实验

将MEMS工艺中最常用的SU-8应用于复制转移纳米压印方法，可研究复制转写方法是否可以实现图形化。

研究使用的压印机是LTJ公司生产的LTNIP-5000[20]。该设备可用于热和UV压印，适用于SU-8等类型的光刻胶。通过热压印形成图形，然后进行UV曝光和PEB来交联树脂[20]。图9-26显示了应用SU-8进行复制转印的工艺流程。

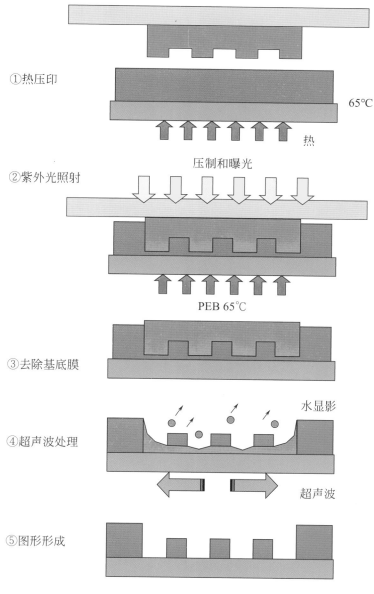

图9-26 复制转印过程（应用于SU-8时）

首先，将 SU-8 3000NIL 涂在硅基板上。涂覆条件是 95℃ 烘烤 30min。基板被放置在纳米压印机 LTNIP-5000 中，并在其上放置一个复制的模具。然后将基板的温度保持在 65℃，在 0.15MPa 的压力下进行 10min 的压印，用强度为 5mW/cm² 的紫外光照射，曝光量约为 500mJ/cm²。图 9-27 是压印后的基底照片。复制模具的衬底膜被移除，并在超声波下进行 20min 水显影，见图 9-28。

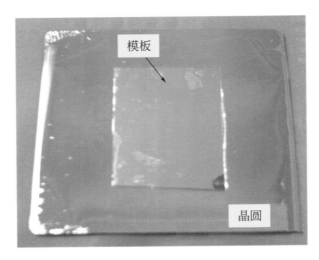

图 9-27　压印的复制模具（带底膜）

图 9-28　超声波下水显影（水温 23℃）

9.3.4　实验结果

使用的母模是凸版印刷公司生产的石英模[21]。用于测试的尺寸是 1μm、3μm、5μm 和 10μm 的 L/S 图形以及接触孔图形。图 9-29 显示了 1μm L/S 图形的母模、复制模和复制转印的结果。复制的模具是母模图形的镜像转移。当复制模具用于压印时，图形再次被反转，并转印出与母模相同的图形。

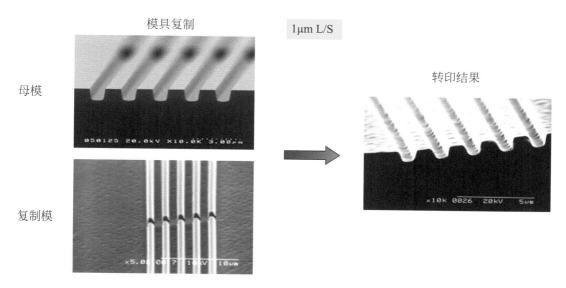

图9-29　母模、复制模和转印结果的SEM图片

经确认，1μm的线和空间图形被完好转印。图9-30和图9-31显示了其他尺寸的转印结果。经证实，在1～10μm的范围内，L/S图形以及接触孔图形都能很好地转移。

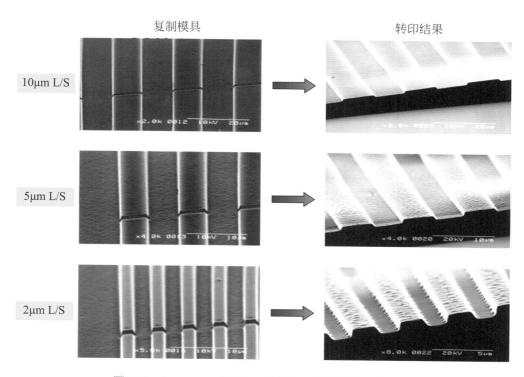

图9-30　2μm、5μm和10μm的线和空间图形的转印结果

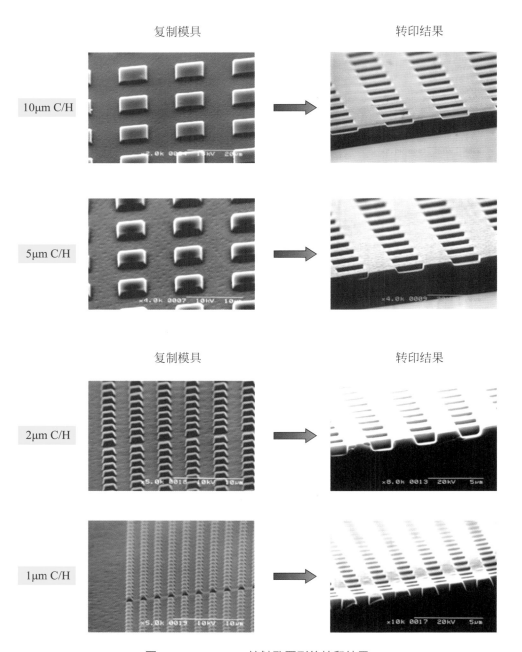

复制模具　　　　　　　　　　　转印结果

10μm C/H

5μm C/H

复制模具　　　　　　　　　　　转印结果

2μm C/H

1μm C/H

图9-31　1 ～ 10μm接触孔图形的转印结果

9.3.5 复制转印的尺寸限制

图9-32显示了360nm和400nm的线和空间图形转印结果。然而，图形发生了一些扭曲。未来我们有必要研究该工艺过程的细节，找出最佳条件。

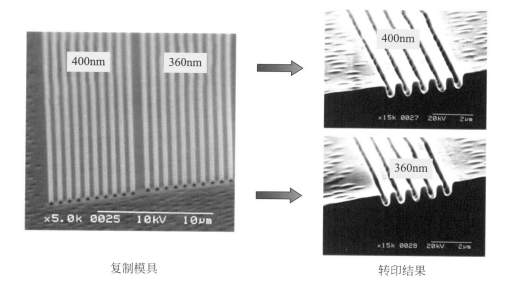

复制模具 转印结果

图9-32 转印的尺寸限制

9.3.6 小结

① 使用复制转印法对压印进行了研究。

② 在L/S和C/H中确认了1 ～ 10μm的分辨率。

③ 这是一种新的压印方法，不需要脱模。

④ 未来，有必要研究复制转印法的缺陷问题。

9.4 纳微米混合结构的一次转印技术

9.4.1 简介

纳米压印技术作为一种无需昂贵的曝光设备就能形成精细图形的技术，正日益引起人们的关注。其应用包括：① 图形介质；② LCD和其他光学部件；③ 光导光路；④ 微透镜；⑤ 三维全息图的光学器件；⑥ 燃料电池；⑦ DNA芯片和其他生物相关产品等。

纳米压印技术大致可分为热压印、光压印和热-光混合压印。有两种加压方法，一种是伺服电机，另一种是使用气、油压。两种方法的特点如图9-33所示。

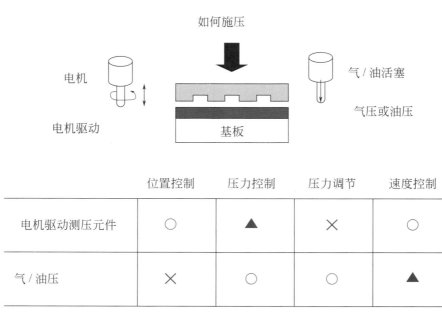

图9-33 伺服电机和空压机的特点比较

○—好；▲—一般；×—不好

前者可以很好地控制位置和速度，后者利于控制薄膜厚度。另外，后者能有效地控制施压压力，并能灵活地施加或放松压力。这对形成高长径比图形和纳/微米混合图形非常有效。

9.4.2 纳米压印机LTNIP-2000

图9-34为LTNIP-2000的外观，该系统由PC控制，压力、压印速度、曝光条件、真空度和温度都可以在程序中设定。基本配置是一台光热混合压印机，上面是紫外光曝光板，下面是热敏板。如果把上面也改成热敏板，可做成一台专用的热压印机。图9-35为处理程序界面，分为命令区、流程步骤区和状态区。流程步骤可以做到200步。首先，从命令区选择要执行的命令："PRESS"表示加压，"EXPOS"表示曝光，"VACUUM"表示真空等。这些命令可粘贴到流程步骤上，然后再输入执行条件。创建程序有点耗时，一旦创建，就可以方便地执行相当复杂的程序。

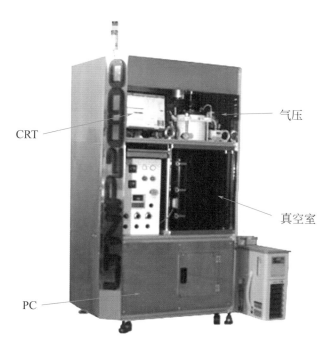

CRT

气压

真空室

PC

图9-34　LTNIP-2000的外观

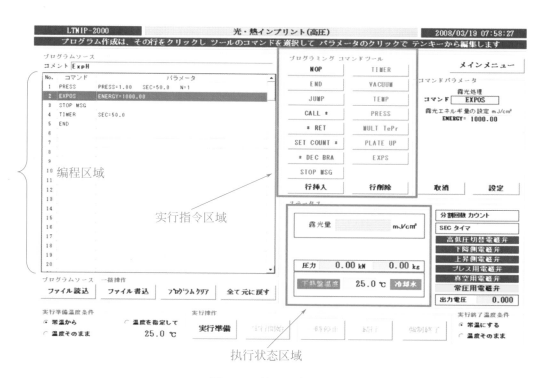

编程区域

实行指令区域

执行状态区域

图9-35　处理程序界面

当运行开始时，状态区实时显示当时过程的状态，包括压力显示、温度和曝光时间等。

模具尺寸可以达到40mm×40mm，晶圆可以是6in或4in。我们开发了一种新的模具和晶圆夹具（图9-36），具有自动释放模具和晶圆的功能。当上板的压力被释放时，模具在弹簧的作用下自动升起。有三个弹簧，每个都有不同的倍率。这使得模具可以以一个轻微的角度被抬起，以实现无残留的脱模。我们还开发了一种树脂材料，涂在基板的背面，以保证压力的均匀性。这使得薄膜厚度均匀性得到进一步改善。

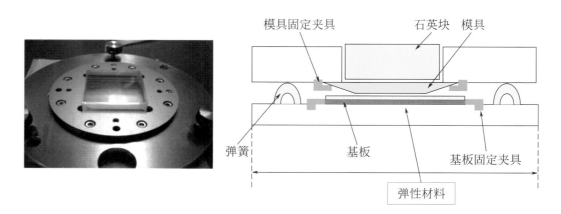

图9-36　模具与晶圆的固定夹具的构造

9.4.3　实验与结果

应用抗反射光学光栅和流体控制微通道需要在微米结构中创建纳米结构。下面介绍一个用纳米压印技术制造这种结构的实例，见图9-37。

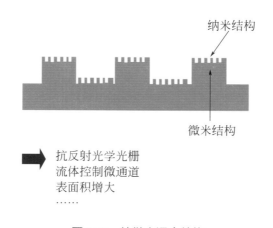

图9-37　纳微米混合结构

这项研究发表在 J.Vac.Sci.Technol.B，Vol.25，NO.6 Dec 2007 上，由 Hirai 教授和他的小组完成[22]（数据由 Hirai 教授提供）。

图 9-38 比较了使用传统光刻技术和压印光刻技术的制造过程。在用光刻技术制作纳米/微米混合结构的情况下，首先用 EB（电子束）光刻技术将纳米图形转移到 Si 衬底上，然后进行蚀刻。再次涂覆光刻胶，用光学光刻技术转移微米图形。用 RIE 在硅上挖出微米图形作为掩模，将微米图形转移到硅衬底上。最后，去除光刻胶，完成纳微米图形的混合结构。而在压印中，一旦纳微米图形混合结构的模具制成，纳微米图形混合结构就可以直接转移到树脂中。

（1）传统光刻技术

a.EB 光刻，干法蚀刻制作纳米图形

b.光刻，RIE 制作微米构造

（2）压印制作方法

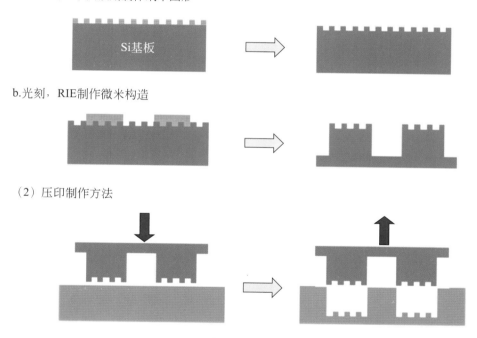

图 9-38　纳微米图形混合结构的制造流程

图 9-39 显示了使用 SU-8 制作混合纳米和微米图形的过程。将 SU-8 涂在 Si 基材上，并在 65℃下预烘烤 5min，95℃下预烘烤 30min，以充分去除光刻胶中的溶剂。然后在 55℃、1.0MPa 的压力下进行 3min 的热压印。然后进行 500mJ/cm² 紫外光曝光。再进行 65℃/3min+95℃/15min 的曝光后烘烤（PEB）[23]。曝光的区域会发生交联反应，不溶于显影液。另一方面，微图形中被 Cr 覆盖的部分没有曝光，因此没有交联。然后将未曝光的区域在特殊的显影液中显影 15min，形成纳微米混合图形。

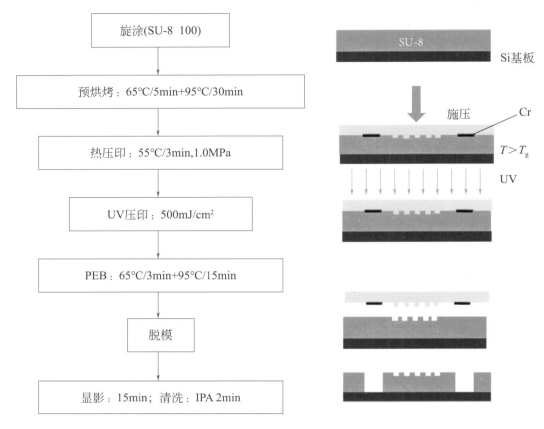

图 9-39　纳微米混合图形的制作过程

图 9-40 显示了一个混合纳微米图形的转移实例，证实了该工艺在 40μm L/S 图形之上形成了一个 200nm 的点图形。

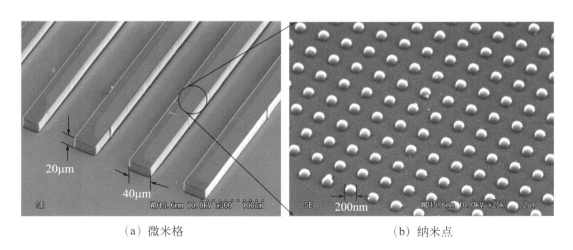

（a）微米格　　　　　　　　　　（b）纳米点

图 9-40　混合纳微米图形转移的例子

9.4.4 小结

LTJ 长期着力于开发纳米压印机及其工艺。推出了一个 PC 控制的气压式纳米压印装置 LTNIP-2000[24]。实验证实，这个装置可以实现高性能的压印需求。预计未来它将在研究纳米压印技术中得到广泛应用。

参考文献

[1] S. Y. Chou, P. R. Kreauss and P. J. Renstom: *Appl. Phys. Lett.* **67**, 3114(1996).

[2] P. R. krauss and S. Y. Chou: *J. Vac. Sci. Technol.* **B13**, 2850(1995).

[3] S. Y. Chou, P. R. Krauss, W. L. Guo and L. Zhuang: *J. Vac. Sci. Technol.* **B15**, 2897(1997).

[4] L. Guo, P. R. Krauss and S. Y. Chou: *Appl. Phys. Lett.* **17**, 1881(1997).

[5] Y. Kurashima, et al., *Jpn. J. Appl. Phys.* **42**, 3871(2003).

[6] Y. Hirai, T. Konishi, T. Yoshikawa and S. Yoshida: Abstracts of the 48th Int. Conf. on Electron, Ion and Photon Beam Technology and Nano-fabrication, 7B4(2004).

[7] T. Bailey, B. J. Choi, M. Colburn, M. Meissi, S. Shaya, J. G. Ekerdt, S. V. Sreenivasan and C. G. Willson: *J. Vac. Sci. Technol.* **B18**, 3572(2000).

[8] M. Komuro, J. taniguchi, S. Inoue, N. Kimura, Y. Tokano, H. Hiroshima and S. Matsui: *Jpn. J. Appl. Phys.* **39**, 7075(2000).

[9] M. Colburn, T. Bailey, B. J. Choi, J. G. Ekerdt, S. V. Sreenivasan and C. G. Willson: Solid State Technol., 67(2001).

[10] Sekiguchi, Y. Miyake, and M. Isono: *Jpn. J. Appl. Phys.* **39** 1392(2000).

[11] Y. Sensu, A. Sekiguchi, S. Mori and N. Honda, *Proc. SPIE*, vol. **5753**, 1170, Mar. 2005.

[12] Y. Sensu, A. Sekiguchi, Y. Kono S. Mori and N. Honda, *Journ. Photopolymer* **18**, 125, June 2005.

[13] Y. Kono, A. Sekiguchi, and Y. Hirai, *Proc. SPIE*, vol. **5753**, 912, Mar. 2005.

[14] A. Sekiguchi, Y. Kono and Y. Hirai, *Journ. Photopolymer*, **18**, 543 June 2005.

[15] N. Oguri, *SEMI Technology Symposium,* Sec. **2**, 41, Dec. 2003.

[16] Y. Hirai, T. Yoshikawa, N. Takagi and S. Yoshia, *Journ. Photopolymer* **16,** 615, June 2003.

[17] A. Sekiguchi, Y. Kono and Y. Hirai, *Proc. 4th NNT*, 96, October 2005.

[18] N. Fukugami, T. Yoshii, K. Takeshi, G. Suzuki and A. Tamura, *Proc. 4th NNT*, 74, October 2005.

[19] C. D. Schaper, *Proc. SPIE*, vol. **5037**, 538, Mar. 2003.

[20] A. Sekiguchi, Y. Kono and Y. Hirai, *Journ. Photopolymer*, **18**, 543 June 2005.

[21] N. Fukugami, T. Yoshii, K. Takeshi, G. Suzuki and A. Tamura, *Proc. 4th NNT*, 74, October 2005.

[22] Y. Hirai et al., J. Vac. Sci. Technol. B, Vol. 25, NO. 6 Dec(2007).

[23] A. Sekiguchi, et al., Proc. of SPIE 6151-90(2006).

[24] 2008年第一届纳米压印会议.

后记

在 LTJ 成立的 20 多年来，我们一直在研究光刻胶的评测方法，这本书是评测结果的一个总结。如果这本书能为从事光刻胶研究、开发和制造的研究人员、工程师和初学者提供参考，作为作者，我将感到无比荣幸。

另外，在撰写本书的过程中，得到了太多人的协助和指导，我深表感谢。在这里，我无法一一列出所有人的名字。再一次从内心深处对他们表示感谢！

此外，我特别要向科学与技术出版公司的福岛先生表示衷心的感谢，感谢福岛先生在撰写这本书时给予的鞭策和鼓励。非常感谢！

作者履历

　　1983年毕业于芝浦工业大学工学部应用化学系。进入日本化学科技公司，在其分析研究所工作。1985年加入住友GCA公司。负责光刻胶涂覆和显影装置的工艺开发。此后，负责光刻胶显影分析仪和光刻模拟软件的开发。1993年，参与了LTJ公司的成立，任执行董事，负责光刻胶模拟软件、显影分析仪、虚拟光刻评估系统(VLES)、纳米压印评估设备等的开发。现任纳米科学研究所所长。2000年在东京电机大学获得博士学位（工学）。

2018—2020年　　　立命馆大学综合科学技术研究机构　兼职教授

2020—现在　　　　大阪公立大学大学院工学研究科　兼职教授

应用物理学会、电子信息通信学会、电气学会各员。

研究领域：光刻胶特性分析、光刻模拟、纳米压印技术

LTJ日本株式会社

纳米科学研究所所长　关口淳

Saitama地区川口市Namiki 2-6-6，332-0034

电话：48-258-6775 FAX048-258-6673

邮件：sekiguchi-pdg@ltj.co.jp